アクティブラーニングで学ぶ
震災・復興学
放射線・原発・震災そして復興への道

【編著】 庄司美樹
新里泰孝
橋本　勝

六花出版

序

庄司　美樹・新里　泰孝・橋本　勝

2011年3月11日に発生した東日本大震災は、甚大な被害をもたらした未曾有の出来事である。なかでも福島第一原発崩壊は大きな衝撃を与え、長期的影響を及ぼしている。まもなく10年となる今も、被災地の復旧、復興は十分には進んでいない。

東日本大震災には大学教員も大きな衝撃を受けた。富山大学では、その衝撃を学生たちと分かち合おうと、いち早く教育テーマとして扱った。同年4月には、橋本は教養科目「社会科学の方法と理論」で、新里は共通基礎科目「情報処理」でこのテーマを取り上げて授業を行った(1)。その後、富山大学経済学部では被災地から講師を招聘した講演会や、学部を越えた文系教員による授業等が行われた(2)。

一方、この事故により大量の放射性物質が環境中に放出された。そして、事故の経過とともに食品などの放射能汚染に関する報道が連日のように行われ、社会に放射線に対する健康不安や風評被害が広がった。放射線関係の教員からは、事故当時の学長が福島県出身であったこともあり、富山の地から福島の復興のために何かできることはないかとの声が上がった。2012年より現在まで様々なテーマの市民公開シンポジウム等を開催し、放射線に関する情報発信を行ってきた。テーマは放射線一般に関するものから、原発事故時の危機管理、事故後の環境放射能調査と農林水産業への影響まで多岐にわたった。当初は学内の放射線関係教員が企画し、学内外より講師を招聘していたが、2015年には富山大学、弘前大学、東京大学の3大学連携事業として「放射線と環境・食の安全」シンポジウムを開催した。

同年には、経済系教員と放射線関係教員が合流して、「全学一体で取り組む安心・安全のための放射線研究、復興研究、そして大学からの情報発信」を目指すことになった。放射線に対する正しい理解の醸成に努めるとともに、被災地からの声を発信し、多様な角度から活発な議論が行われてきた。

2016年に教養総合科目として、文系、理系の専任教員13名及び外部講師2名で、「富山から考える震災・復興学」の授業を立ち上げた。この授業では3つの目標を掲げた。第1は富山という地点から様々な角度で幅広く考察し、さらに原発の仕組みと課題、放射線の影響とその利用等を自分の視点で学ぶこと、第2は被災地との連帯感を高め、自分たちの在り方を主体的に考えること、第3は未曾有な災害が発生した時の心構えについて学ぶことである。本書はこの授業実践がもとになっている。

本書第Ⅰ部「放射線と原発」は、放射線の基礎、放射線と医療、原子力発電の仕組みなどを扱っている。第Ⅱ部「震災と復興」は、環境と経済、原発のコスト、被災地の復興の現状と課題などを扱っている。大学1年生が文系であれ理系であれ、容易に理解できるような記述を心掛けた。

東日本大震災がこれまでの大震災と大きく異なるのは、地震、津波の被害のほかに、原子力発電所の崩壊事故が生じたことである。それゆえ、放射線と原子力発電について科学的知識の必要性が高まった。また、震災・復興というテーマは、文系・理系の総合的知識が必要とされ、かつ、身近で実践的な行動も要求される。しかも、科学的、政策論的に未解決の問題や、意見が分かれる課題に直面し、判断を迫られる場面も多い。こうした場合、科学コミュニケーションの意識を持って、アクティブラーニングを進めることが有効であり、意義のあることである。

そのため、上述の授業では2018年度から橋本の助言をもとに、各教員がアクティブラーニングの手法を取り入れることとした。本書のタイトルにアクティブラーニングを冠しているのはそういう経緯であり、各章では、それぞれのアクティブラーニング実践についても紹介するものになっている。

日本の大学教育が「ティーチングからラーニングへのシフト」という質的転換を目指すようになってすでに四半世紀が経つ。「何を教えるかではなく、学生がどんな能力を身に付けたか」が問われ、各大学で多くの教育実践が重ねられてきているが、一方的講義形式の授業も「伝統」として継続している。学生の主体的学びの重要性に一定の理解を示しながらも、「まず教えるべきことを教えないと……」という教員側の発想を完全にはぬぐえないからであり、教員自身がアクティブラーニングの実体験がないために、未知の領域に飛び込む勇気がなかなか持てないからである。その結果、アクティブラーニングはそれ専用の科目に任せ、自分は従来型の知識伝達型授業を続けている教員も少なくない。

今日の大学教育の目的は、次の時代を支える責任ある市民の育成に重きが置かれていることを我々は再認識すべきである。国内外で多くの災害・社会問題・戦乱・感染症が次々と起こり、グローバル化や技術革新が進む中、様々な格差や混迷を伴いながら社会は多くの問題にあふれている状況である。その中で一人ひとりが冷静に判断を下し、的確に行動することが求められている。無論、実社会をたくましく生き抜くことが求められるわけであるが、大学生としての学びの中で、そのトレーニングをすることの重要性が増している。

2011年の東日本大震災、その直後の原発事故は多くの国民に強い衝撃を与えたが、当時はまだ子どもであった現在の若者の意識はそれほど高くないのが実情である。当時の状況を単に知識として知るのではなく、いかに自分の問題として考えるかは、まさにその代表的なトレーニングなのではなかろうか。

注

(1) 橋本勝・新里泰孝「東日本大震災を学ぶ12の切り口」経済教育学会第27回全国大会ポスター、椙山女学園大学、2011年。http://hdl.handle.net/10110/10643

(2) 新里泰孝・大坂洋・小柳津英知・橋本勝・横田数弘・竹田達矢「「東日本大震災に学ぶ」講演会シリーズの教育実践報告」『富大経済論集』第58巻第2-3号、pp.463-500、2013年。

新里泰孝・橋本勝「「東日本大震災に学ぶ」講演会シリーズの教育実践報告　第2報——復興、原発、福島の声」『富大経済論集』第59巻第3号、pp. 531-554、2014年。

新里泰孝・橋本勝「経済学特殊講義「東日本大震災に学ぶ」の授業実践報告」『経済教育』第35号、pp.131-134、2016年。

アクティブラーニングで学ぶ震災・復興学

—放射線・原発・震災そして復興への道—

目次

第Ⅱ部
震災と復興

第Ⅰ部

放射線と原発

第1章

身の回りの放射線

庄司　美樹

第1節　はじめに

2011年3月11日に東北地方太平洋沖地震が発生し、東日本の各地に大きな災害をもたらした。なかでも東京電力福島第一原子力発電所事故により多くの放射性物質が環境中に放出されたため、放射線の健康影響への関心が高まっている。一方、放射線やその影響がわかりにくいことによる住民の不安や、正しく理解されないことによる風評被害も多く、復興を妨げる一因となってきた。本章では、わたしたちの身の回りにある放射線について、正しく理解するために必要な基礎知識を述べる。

第2節　放射線の基礎知識

2.1　放射性同位元素

原子は原子核と電子で構成されている。さらに、原子核は核子といわれる陽子と中性子で構成されている（第2章参照）。核子間で働く力には、核子の種類に関係なく働く核力（引力）と、陽子同士の間で働くクーロン力（反発力）があり、この2つの力がバランスを保って原子核を構成している。

原子の化学的性質は陽子の数によって決まるが、陽子の数が同じで中性子の数が異なる原子を同位体(アイソトープ)という。また、原子核の中の陽子の数、中性子の数及び原子核のエネルギー状態によって決まる原子の種類を核種という。

同位体の中で、陽子の数と中性子の数のバランスが悪いと原子核が不安定となり、余分なエネルギーを放射線として放出し安定となり、別の元素に変わる。このように不安定な原子核を持ち、放射線を放出して安定になる原子を放射性同位元素（Radioisotope、RIまたはラジオアイソトープ）といい、このような現象を放射性壊変または放射性崩壊という。

2.2　放射能と放射線

放射能とは、RIが放射性壊変を起こして別の元素に変化する性質（能力）のことをいう。これに対して、RIの壊変に伴って放出される高いエネルギーを持った粒子や電磁波を総称して放射線という。放射線はエックス（X）線発生装置等のような放射線発生装置によっても発生することができる。また、宇宙線も宇宙空間に存在する高エネルギー放射線である。

2.3　半減期

RIはその原子核の不安定さによって、一定の確率で壊変する。時間の経過とともに壊変が進むと、RIの個数も減っていくため、放射能も減少する。放射能が、はじめの1/2になるまでの時間を半減期という。半減期はRIの種類によって固有の値をとり、温度や圧力、化学反応などでは変化しない。また、短い半減期のRIは長いものに比べ、より不安定といえる（図1-1）。

2.4　放射線の種類

放射線には直接または間接的に電離を起こす電離放射線と、紫外線やマイクロ波など電離を起こさない非電離放射線があるが、ここでは電離放射線につい

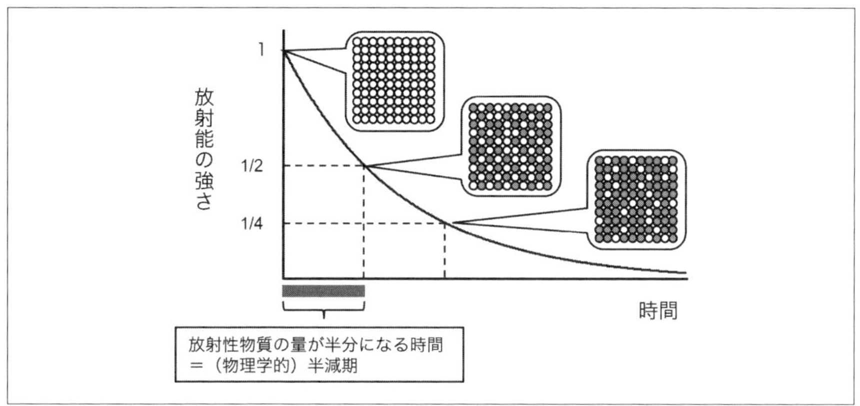

（出典）環境省放射線管理担当参事官室「放射線による健康影響等に関する統一的な基礎資料 2018」より改変。

図1-1　半減期

て述べる。電離放射線は、**図1-2**のように質量を持った粒子線（アルファ（α）線、ベータ（β）線等）と光である電磁波（X線、ガンマ（γ）線）に分けることができる。

2.4.1　粒子線

（1）α線：原子核がα壊変する時に放出される、陽子2個と中性子2個からなるヘリウム原子核の流れ。α壊変が起こると、原子核は原子番号が2、質量数が4減少する。電離作用は大きく透過性は小さい。紙1枚や数cmの空気層で止まる（**図1-3**）。

（2）β線：原子核がβ壊変する時に放出される電子または陽電子の流れ。β^-壊変で発生する電子はマイナスの電荷を持ち、電離作用はα線に比べ小さく、物質の透過性は1cm程度のプラスチック板で遮へいできる（**図1-3**）。β^+壊変で発生する陽電子はプラスの電荷を持ち不安定で、すぐに周囲の電子と結合して消滅し、2本の消滅放射線が発生する。

（3）中性子線：中性子の流れ。原子炉や加速器で作られる。ウランなどの核分裂でも中性子が放出される。中性子は電気的に中性のため、物質の透過性が大きい。中性子と同程度の質量を持つ水素原子を多量に含む水や

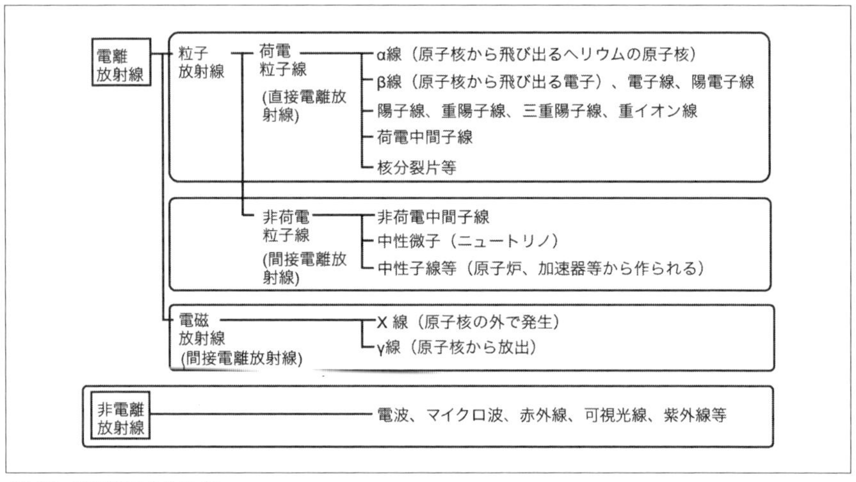

（出典）前掲資料より改変。

図1-2　電離放射線の種類

コンクリートにより遮へいできる（図1-3）。

(4) 陽子線：直線加速器などにより加速された陽子の流れ。陽子線の特徴は、物質に入射するとエネルギーに依存した一定の深さまで進み、停止直前にエネルギー放出が最大となることである。この性質を利用してがんの陽子線治療に用いられる（第4章参照）。

2.4.2　電磁波

(1) γ線：RIが放射性壊変を起こしてα線やβ線を放出した後、原子核のエネルギー状態が高く不安定な場合に、余分なエネルギーをγ線として放出する。γ線はエネルギーの高い電磁波であり電気的に中性のため、電離作用は小さく物質の透過性は高い。遮へいには鉛や鉄など原子番号の大きい金属やコンクリートなどが用いられる（図1-3）。

(2) X線：X線管などで発生するエネルギーの高い電磁波である。γ線が原子核から発生するのに対し、X線は加速された電子が原子核近くで運動エネルギーを失うこと（制動X線）や原子核外の軌道電子のエネルギー遷移（特性X線）などによって放出される。一般的にはX線のエネルギー

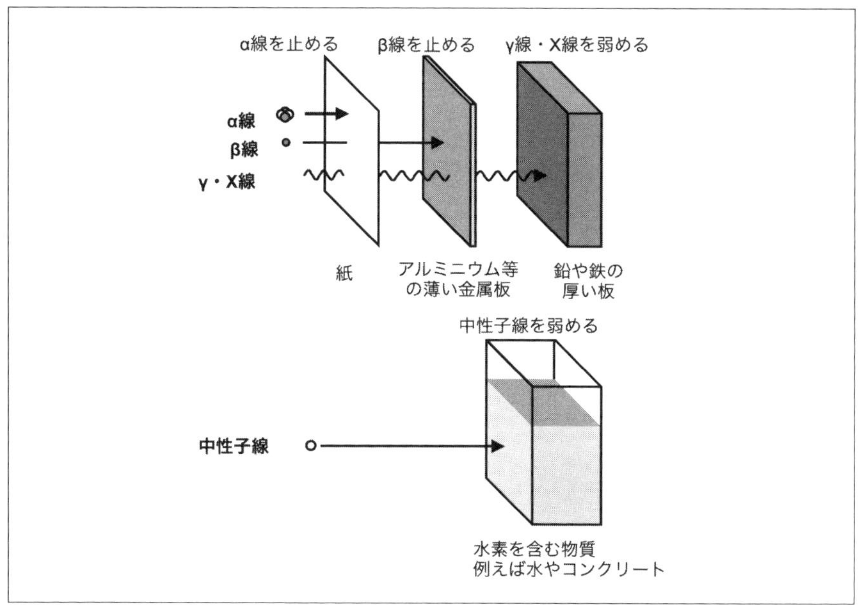

（出典）前掲資料より改変。

図1-3　放射線の透過力

はγ線より小さいが、X線とγ線の違いはエネルギーではなく、発生の機構にある（一口メモ参照）。γ線と同様に電離作用は小さく物質の透過性は高い。遮へいには鉛や鉄の厚い板が用いられる（**図1-3**）。

両者とも物質の透過性が高いことを利用して医療分野（X線撮影、CT（X線）、

一口メモ　RIからもX線が出る！

X線発生装置から出る電磁波がX線で、RIから出る電磁波はγ線と思いがちであるが、これは間違いである。電子捕獲（Electron Capture、EC）という放射性壊変の形式では、原子核が軌道電子を捕獲し、核内の陽子がこれと反応して中性子に変わり、原子番号が一つ小さい原子核に変わる。このとき、捕獲された電子の空孔に外側の電子軌道から電子が遷移し、単一エネルギーの特性X線が発生する。X線とγ線は似た者同士であるが、前者は原子核外、後者は核内から放出される点など発生機序は全く異なるのである。

がん治療）で利用されているほか、工業分野では非破壊検査に用いられている。

2.5　放射線に関する単位

放射線の影響を考える場合、単位を理解することが重要である。

(1)　放射能の単位

放射能の大きさは単位時間当たりに壊変する原子の数で表す。単位としてベクレル（Bq）を用い、1秒間に1壊変を1Bqとする。

(2)　放射線量の種類と単位

放射線の量を表す線量として、吸収線量や等価線量及び実効線量がよく使われる。

①吸収線量：吸収線量は、物質が放射線のエネルギーをどのくらい吸収したかを表す。放射線を照射した時に、物質1kg当たり1ジュール（J）のエネルギーを吸収した場合の線量を1グレイ（Gy）と定義している。

②等価線量と実効線量：放射線に被ばくした場合、吸収されたエネルギーが同じでも、放射線の種類や被ばくした臓器の放射線感受性の違いにより人体への影響が異なることがある。放射線の人体への影響を評価する場合には、放射線の種類や臓器ごとの放射線感受性の違いを加味した放射線量が用いられる。臓器ごとの影響を評価する場合には等価線量を、全身の確率的影響の度合いを評価する場合には実効線量を用い、単位は両者ともシーベルト（Sv）を用いる（**図1-4**）。

各臓器の等価線量（Sv）は、［各臓器の吸収線量（Gy）×放射線加重係数］で表す。放射線加重係数は、β線、γ線、X線では1、陽子線では2、α線では20、中性子線ではエネルギーによって2.5～21としている[(1)]。

実効線量（Sv）は、［被ばくした臓器の等価線量（Sv）×その臓器の組織加重係数］の値を、すべての被ばくした臓器について足し合わせた線量である。組織加重係数の値は、赤色骨髄、結腸、肺、胃、乳房などの各臓器が0.12、生殖腺が0.08等で、全身の組織加重係数の合計は1.00となる[(2)]。

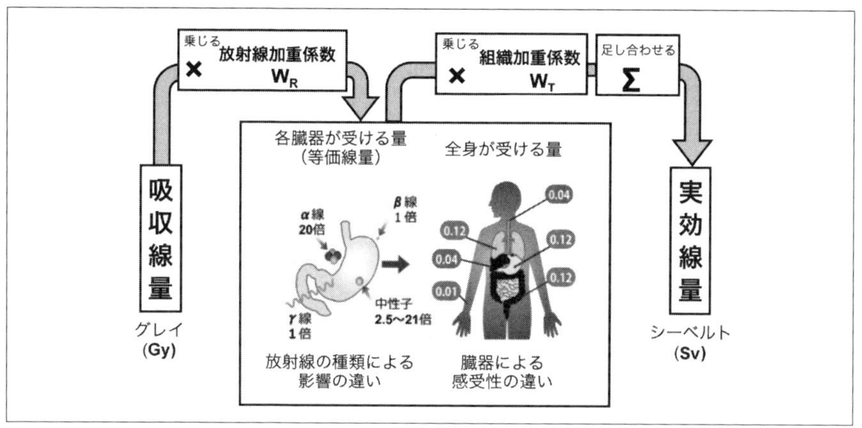

(出典) 前掲資料より改変。

図1-4　グレイからシーベルトへの換算

2.6　外部被ばくと内部被ばく

人体が放射線を受けることを被ばくという。体の外から被ばくする場合を外部被ばく、体の内部に取り込まれたRIによって被ばくする場合を内部被ばくという。

2.6.1　外部被ばく

外部被ばくでは、体の外に線源（放射線を出すもの）がある。外部被ばくを防止するには、(1) 放射線の種類に応じた遮へい体を用いて遮へいする、(2) 線源からの距離をとる、(3) 線源と接する時間を短くすることによって被ばく線量を低減することができる。「遮へい」「距離」「時間」を外部被ばく防護の三原則という。外部被ばくでは、線源の種類と放射能、線源からの距離、遮へい体の種類と厚さ、滞在時間によって被ばく線量を推測できる。

2.6.2　内部被ばく

内部被ばくは、RIを含む飲食物を摂取したり、事故などにより汚染した空気を吸入することによって起こる。体の表面が汚染された場合に皮膚を通して取り込まれる場合もある。一旦RIを体内に摂取すると、物理的半減期にしたがって減衰するか、体外に排泄されるまで被ばくが続く。多くの場合、体外への排泄を促進する有効な方法はない。内部被ばくの防止には、RIを体内に摂取しないことが第一である。例外的に、原発事故が起きた場合に放射性ヨウ素の甲状腺への取り込みを抑えるため、事前にヨウ素剤（ヨウ化カリウム）を服用することがある。

また、体内に取り込まれたRIの種類と放射能がわかれば、生涯にわたる被ばく線量を推定することができる。

2.6.3 被ばく様式と放射線の種類による影響の違い

外部被ばくでは、α線は体表面で止まり、β線でも体表面から数mmの深さで止まるため、β線を大量に被ばくした場合を除き、人体に影響が出ることは希である。これに対してγ・X線は透過性が高いため、体内の臓器・組織まで到達し、影響を及ぼす。

一方、内部被ばくでは、すべてのRIによる被ばくが問題となる。特にα線は届く距離（飛程）が短いため影響は取り込まれた臓器・組織とその近傍に留まるが、生物効果が大きいため体内に摂取しないように気をつけなければならない。また、γ・X線は透過性が高いため、RIが集積した臓器・組織から離れたところにも影響を及ぼす。

第3節 身の回りの放射線

放射線というと、原発事故など特別な場合に話題となることが多いが、身の回りには、様々な放射線があり、いつも被ばくしている。身の回りの放射線には、大きく分けて自然に由来する自然放射線と人為的発生による人工放射線がある。

3.1 自然放射線

カリウムは自然界に広く分布し、ヒトの主要元素のひとつである。食物にも

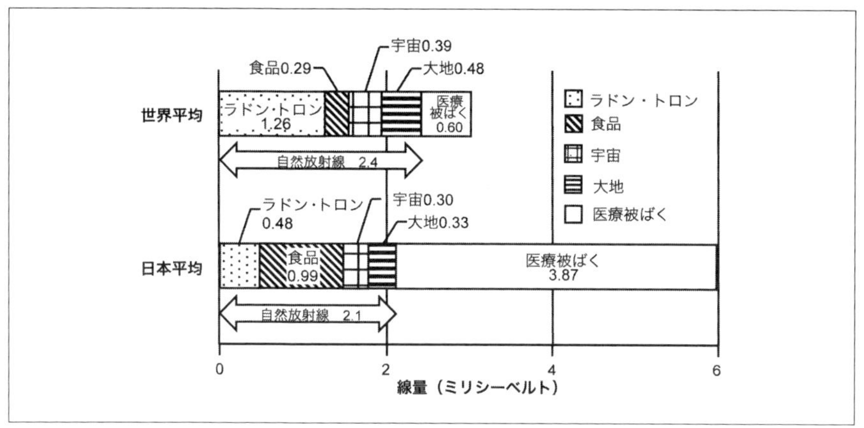

（出典）前掲資料より改変。

図1-5　日常生活における年間の被ばく線量

多く含まれているが、カリウムはその約0.01％が放射性のカリウム40（^{40}K）である。その他にも食物を通して、微量の炭素14（^{14}C）、鉛210（^{210}Pb）、ポロニウム210（^{210}Po）などを摂取し、日本人は食物から0.99mSv/年の被ばくを受けている。

ウラン、トリウムは核燃料物質であるが、自然界でも大地や海水中に極微量含まれている。これらの元素はいずれも放射性であり、順次壊変を繰り返し安定な鉛（^{206}Pbまたは^{208}Pb）となる。大地に含まれるウラン、トリウム（一次放射性核種）に加え、壊変過程で生成する放射性物質（二次放射性核種）によって被ばくしている。大地から受ける放射線量は土壌に含まれる放射性物質の量によって異なり、インドのケララやイランのラムサールのように世界平均の数倍から十数倍高い地域もある。

また壊変を繰り返す中で、放射性のラドン（^{222}Rnまたは^{220}Rn）が生成する。ラドンは気体のため生成すると空気中に湧き出し、一部が呼吸によって体に取り込まれる。気密性の高い屋内ではラドン濃度が高くなり、換気によって低下することが知られている。

宇宙空間には高いエネルギーの電磁波や粒子が飛び交っている。これを宇宙線といい、常時地表にも届いている。宇宙線はエネルギーが高いため、大気中

一口メモ 宇宙開発と被ばく対策

地上から約400km上空に建設された国際宇宙ステーションでの被ばく線量は太陽活動の影響を受け、1日当たり0.5～1mSvといわれている。将来月面や火星表面での有人活動が実現した場合には、宇宙飛行士の放射線防護が最重要課題のひとつになると考えられている。そのため、遮へい効率が優れた新しい遮へい材の研究が進められている。宇宙旅行が身近になり、それにはロマンがあるが、それなりの被ばく対策が必要である。

の酸素や窒素と核反応を起こし、さらに大量の宇宙線を発生させる。宇宙線は大気との反応により吸収されるが、高度が高いほど宇宙線の影響を受けやすく、放射線量は高くなる。東京－ニューヨークを航空機で往復すると0.1～0.2mSvの被ばくとなる。

3.2 人工放射線

人工的に受ける放射線の多くは医療による放射線である。1回当たりの被ばく線量は、胸部X線撮影で0.06mSv、胃のレントゲン検査で3mSv、X線CT検査では数mSv～数10mSv程度といわれている。その他には、原子力発電所周辺の環境放射線量の目標値は0.05mSv/年以下とされている[(3)]。

事故による一般市民の被ばくの例として、福島原発事故後4カ月間の福島県における住民（放射線業務従事経験者を除く）の被ばく調査では、99.8%が5mSv未満であり、最高値は25 mSvと推計された[(4)]。

日本人の日常生活における年間の被ばく線量は、自然放射線については世界平均よりやや少ないものの、医療被ばくが世界平均に比べ6倍も高く、全体の被ばく線量を押し上げている（図1-5）。日本では、健康診断による胸部X線検査や胃の検査が普及し、またCT検査が増えていることによる。医療被ばくの考え方は第4章に詳しく述べられているが、その検査を受けることによる利益（ベネフィット、病気の診断、治療の経過がわかる等）と発がんなどのリスクのバランスを考えることが大切である。

第4節　放射線の利用

放射線は負の側面が注目されることが多いが、その特性を活かして様々な分野での利用が進んでいる。2015年度放射線利用の経済規模調査の結果が内閣府により報告されている[(5)]。各分野における放射線の利用技術を示す。

4.1　工業利用

放射線の工業分野における利用は、経済規模では全体の約半分を占めている。半導体加工への利用が最も多く、医療器具などの放射線滅菌に利用されている。化学物質の重合反応などを促進させることから、ラジアルタイヤや発泡ポリエチレンの製造にも利用されている。

大型放射光施設SPring-8（兵庫県佐用町）では、放射光[(6)]を利用して物質科学、地球科学、生命科学、環境科学や産業利用などの幅広い分野の研究開発が行われている。

4.2　医療利用

医療における放射線利用は第4章に書かれているが、X線撮影やCT検査、放射線治療の占める割合が大きい。またPETによるがん検診も行われている。これまで先進医療として行われていた粒子線治療は、一部に公的医療保険が適用されるようになり、今後さらに普及が進むと思われる。

一口メモ　太陽系誕生の謎に迫る

小惑星探査機「はやぶさ」は2005年に小惑星「イトカワ」に到達し、表面部分のサンプル採取を行った。その後想定外のトラブルによって一時は地球帰還が危ぶまれたが、困難を克服し2010年に奇跡的な帰還を果たした。「はやぶさ」が持ち帰った「イトカワ」のサンプル微粒子はSPring-8の強力な放射光（X線）を用いて分析され、「イトカワ」の形成過程を明らかにするなど、太陽系誕生の謎に迫る大きな貢献をした。

4.3 農業利用

農業分野における利用で経済規模が最も大きいものは、イネなどの育種への利用で、農業利用の9割近くを占めている。その他では、ウリミバエなどの害虫駆除や食品照射がある。食品照射は、放射線により殺菌・殺虫、貯蔵期間の延長や品質改善を行う技術である。欧米や中国などでは一部の食品について照射が認められているが、日本では、北海道士幌農業協同組合においてジャガイモの発芽防止のための利用だけが認められている。食品照射は、世界保健機関（World Health Organization, WHO）や国内の研究報告でその安全性が認められており、保存期間の延長など有用性は高いが、日本ではまだ社会的に受け入れられていない。放射線照射食品の輸入も認められていない(7)。

第5節 おわりに

本章では、東日本大震災、特に福島第一原発事故の影響について多角的に考えるため、放射線の基礎知識について述べた。放射線がわかりにくい理由のひとつに、関係する単位が多いことがある。

例えば、被ばく線量の単位はSvであるが、通常の環境放射線レベル（0.01～0.1μSv/h、約2mSv/年）からX線CT検査で受ける被ばく線量（数10mSv）、放射線治療で受ける患部の被ばく線量（数10Sv）まで広い範囲にわたるとともに、線量と線量率が混在する。また、線量の大小を直感的に認識することが難しく、

一口メモ　身の回りにもあるX線

古いテレビのブラウン管から微量のX線が出ていることは、よく知られている。材料に摩擦や圧力などの機械的刺激を与えた時に発光が生じる現象をトリボルミネッセンス（Triboluminescence、TL）といい、最近、X線源としても注目を浴びている。一例として、接着テープを真空中で引きはがすとX線が発生し、写真が撮れることが報告されている。また、圧電着火を利用したいわゆる百円ライターでもX線が発生するといわれている。スケールが違うが、宇宙ではブラックホールからX線が出ている。

事故などによって環境放射線レベルが上昇しても、どのくらい影響があるのか直ちに判断しにくい。

放射線は測定器により「その量」を測ることができるので、影響を正しく理解するためには、風評に惑わされず、科学的知見と信頼できる情報に基づいて判断することが重要である。

第6節 アクティブラーニング

著者が2019年度「富山から考える震災・復興学」講義の中で実践したアクティブラーニングの例を示す。

(1) 教員の心構え

教員の考えを押し付けることなく、なるべく受講生が自由に発想できるような配慮をする。できるだけ対話・討議が活発になるような点も配慮する。

(2) 学生に期待すること

講義内容やアクティブラーニング部分のテーマについて疑問に思うところ、自分の考えを率直に述べることや相手の考えを理解しようとする気持ちをもって議論し、最終的にはグループとしての結果をまとめる。

(3) 内容

講義部分の終了後、グループに分かれて議論する前にペアを作り、自己紹介、当日の講義の感想などを話し合い、その後の議論を活発にする対話の導入部とする。

次にペアを2つ合わせた4人グループになり、当日の講義内容に関連したテーマをいくつか挙げ、その中からグループごとにひとつのテーマを選択して議論させ、その結果をワークシートにまとめさせる。

次いで、いくつかのグループの代表者にそのグループ意見を発表させ、全体で討論を行う。テーマの例を以下に挙げる。

・放射線の健康影響を正しく理解するには、どのような心構えが必要か。
・放射線を有効に利用するためには、どのようなことに注意すべきか。
・将来、大規模な放射線事故が起きた場合、周辺の居住者がパニックに陥らないためにどうしたらよいか。

注

(1) ICRP, The 2007 recommendations of the ICRP. ICRP publication 103. *Ann. ICRP*, 37 (2-4), 2007. 邦訳版はhttps://www.jrias.or.jp/books/cat/sub1-01/101-14.html

(2) 前掲書。

(3) 日本原子力文化財団「原子力総合パンフレットweb版」。 https://www.jaero.or.jp/sogo/detail/cat-03-07.html

(4) 環境省放射線管理担当参事官室「放射線による健康影響等に関する統一的な基礎資料」2018年。https://www.env.go.jp/chemi/rhm/h30kisoshiryo. html

(5) 内閣府第29回原子力委員会資料第1-1号「放射線利用の経済規模調査（平成27年度）」2017年。http://www.aec.go.jp/jicst/NC/iinkai/teirei/siryo2017/siryo29/siryo1-1.pdf

(6) 放射光とは、ほぼ光速で直進する電子が磁石によってその進行方向を曲げた時に発生する細く強力な電磁波のことで、波長域は赤外線からX線領域まである。SPring-8の名はSuper Photon ring-8 GeV（80億電子ボルト）に由来している。

(7) 内閣府食品安全委員会「ファクトシート放射線照射食品」2012年。https:// www.fsc.go.jp/factsheets/

第2章

放射性同位元素とその物理学

西村　克彦

第1節　はじめに

本章では、原子と原子核の構造、同位体、質量とエネルギーの等価性、核反応について高校物理学の基礎知識をもとに学ぶ。さらに、最近の加速器の現状を紹介する。特に、質量とエネルギーの等価性は、核エネルギーを正しく理解するために重要な概念であるので重点的に取り扱う。

第2節　原子と原子核の構造

2.1　原子核の大きさ

富山市の中心部を走るライトレールの軌道長さは、約3.7 kmである。**図2-1**のように実際は長方形に近い軌道形であるが、円形軌道と仮定すると、直径約1 kmになる。

問1

例えば、水素原子の大きさ（直径約1×10^{-10}m＝1Å）を、ライトレールの軌道と同じ大きさに拡大し、直径約1kmにしたと仮定すると、陽子（水素の原子核）の直径（約2×10^{-15}m）は、どのくらいの大きさになるのだろうか。

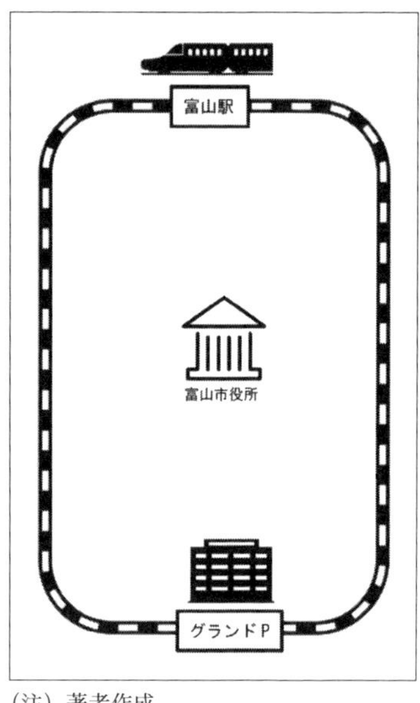

（注）著者作成。

図2-1　富山セントラムの模式図

一般に原子核の大きさは原子の大きさの約1万分の1以下である。原子の質量の99.9％は原子核の質量なので、原子はある意味で“スカスカ”な構造をしている。

原子核の半径Rは、その質量数Aを用いて

$$R = 1.1A^{1/3}\ \mathrm{fm}$$

で与えられる[(1)]。長さの単位fmはフェムトメータと読む。原子の大きさを表すオングストローム（Å）より、さらに10万分の1小さい長さの単位で、1fm＝10^{-15}mである。

2.2　原子核の表し方

原子核は核子である陽子と中性子で構成されている。陽子は、プラスの電荷1.6×10^{-19}クーロン（C）（電子の電荷と大きさが同じで符号が逆）を持っており安定である。英語でプロトン(proton）と称するので、記号pを使う。中性子は電荷を持たず、半減期約10.3分で陽子＋電子＋ニュートリノに崩壊する。英語でニュートロン（neutron）と称するので、記号nを使う。

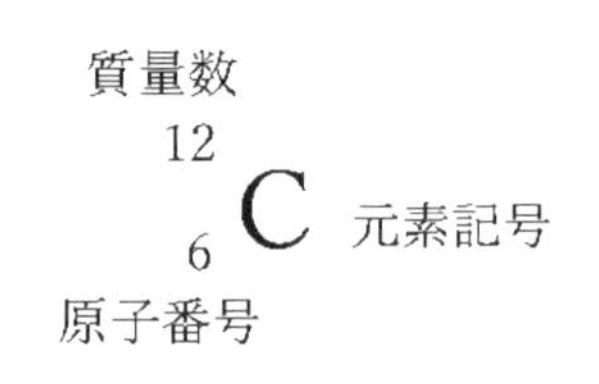

（注）著者作成。

図2-2　原子・原子核の表し方
（例：炭素）

原子の種類は原子核中の陽子の数で決まる。この陽子の数を原子番号（記号Z）という。原子は、原子核と電子で構成されているが、電子の質量は原子核の質量に比べて1000分の1以下なので、原子核中の核子数（記号A、質量数という）を原子質量の基本値として使われている。例えば、我々の体を作る炭素12（^{12}C）の原子核は、**図2-2**のように表記する[(2)]。元素記号のCは、ラテン語の木炭（carbo）に由来しているといわれている。

2.3 原子質量単位

^{12}Cの原子核は、陽子6個、中性子6個で構成されている。^{12}C原子1個の質量を12uと定める原子質量単位（記号u）がある[(3)]。

$$1\,\mathrm{u} = \frac{1\,\mathrm{g}}{\text{アボガドロ数}} = 1.66 \times 10^{-27}\,\mathrm{kg}$$

と表すことができる。アボガドロ数は、元素1モル（mol）を構成する粒子数を表し、6.022×10^{23}個/molである。

第3節 同位体

元素の分類は原子核中の陽子の数（原子番号）で行うが、陽子数が同じで中性子数が異なる原子がある。これらの原子のグループを同位体（アイソトープ）と呼ぶ。陽子1個の原子は水素（H）、陽子1個と中性子1個の原子は重水素（D）、陽子1個と中性子2個の原子は三重水素（T）。三重水素は、放射性同位元素である。半減期12.3年でベータ（β）壊変（崩壊）し、ヘリウム3（^{3}He）となる。**表2-1**に代表的な原子核と自然界の存在比（同位体比）、その原子の質量を記した。

表2-1　原子番号、原子核、自然界での存在比、原子質量[(4)]

原子番号 (Z)	原子核	存在比 (%)	原子質量 (u)
0	n	100	1.008665
1	^{1}H	99.985	1.007825
1	^{2}H	0.0149	2.014102
1	^{3}H	極微量	3.016049
2	^{3}He	1.37×10^{-4}	3.016029
2	^{4}He	99.999863	4.002603
8	^{16}O	99.759	15.994915
8	^{17}O	0.0374	16.999132
8	^{18}O	0.2039	17.99916
26	^{54}Fe	5.845	53.93951
26	^{56}Fe	91.754	55.934937
26	^{57}Fe	2.119	56.935394
26	^{58}Fe	0.282	57.933275
92	^{234}U	0.0056	234.040904
92	^{235}U	0.7205	235.043915
92	^{238}U	99.2739	238.05077

（注）著者作成。

第4節　質量とエネルギーの等価性

4.1　原子核の結合エネルギー

原子番号Z、質量数Aの原子核の理論的質量m_0は、原子質量単位で表すと、水素の質量をm_H、中性子の質量をm_nとすれば、

$$m_0 = Zm_H + (A - Z)\, m_n = 1.007825Z + 1.008665\,(A - Z)$$
$$= A\,(1 + 0.008665 - 0.00084Z/A)$$

で与えられる[(5)]。実際の原子量mは、理論的m_0より小さい。この差を質量欠損といい、

$$\Delta m = Zm_{\mathrm{H}} + (A - Z)\, m_{\mathrm{n}} - m$$

で定義し、原子核の結合エネルギーを表す(6)。アインシュタインの特殊相対性理論によれば、質量とエネルギーの間には、

$$E = \Delta mc^2$$

の関係がある。この式でcは光速を表す。**表2-1**の値を利用して、重水素（^{2}H）、ヘリウム4（^{4}He）、鉄56（^{56}Fe）、ウラン235（^{235}U）の核子1個当たりの結合エネルギーを求めよう。計算結果を**表2-2**に表す。

電子1個の電位を1ボルト（V）上げるのに必要なエネルギーを1エレクトロンボルト（eV）という。一般的なエネルギー単位Jとの関係は、

$$1\,\mathrm{eV} = 1.60 \times 10^{-19}\,\mathrm{J}$$

である。1メガエレクトロンボルト（MeV）＝1×10^{6}eVである。

表2-2　質量欠損、核の結合エネルギー、核子1個当たりの結合エネルギー

Z	元素	理論的 m_0（u）	実際質量 m（u）	Δm（u）	Δmc^2（MeV*）	$\Delta mc^2/A$（MeV*）
1	^{2}H	2.01649	2.014102	0.00239	2.2	1.1
2	^{4}He	4.03298	4.002603	0.03038	28.3	7.1
26	^{56}Fe	56.4634	55.934937	0.52846	492.3	8.8
92	^{235}U	236.959	235.043915	1.91508	1783.9	7.6

（注）著者作成。*はエネルギーの単位。

4.2 核融合

表2-2からわかるように、^{56}Feの核子1個当たりの結合エネルギーが最も大きい。例えば、2個の^{2}Hを融合させて1個の^{4}Heを生成すると質量欠損に相当するエネルギーが放出される。

$$E = \Delta mc^2 = (2 \times 2.014\,\mathrm{u} - 4.002\,\mathrm{u}) \times (2.998 \times 10^8)^2$$
$$= 3.88 \times 10^{-12}\,\mathrm{J} = 24\,\mathrm{MeV}$$

問2

1gの^{2}Hを核融合させると$E = 5.8 \times 10^{11}$ J のエネルギーが生成される。灯油1gの発生エネルギーを4.6×10^4 J/gとすると、どの位の灯油量に相当するか。

第5節 核反応

5.1 原子核の密度

原子核の密度は非常に高い。密度の概略を求めてみよう。半径は、質量数Aを用いて、次式で与えられる(7)。

$$R = 1.1A^{1/3} \times 10^{-15}\,\mathrm{m}$$

原子核を球形と仮定すると、体積は次のようになる。

$$V = 4\pi R^3/3 = 4\pi/3 \times 1.1^3 \times A \times 10^{-45}\,\mathrm{m}^3$$

また、原子核1個の重量は、次のように表される。

$$m = A \div (6.022 \times 10^{23})\,\mathrm{g}$$

以上より、炭素^{12}Cの原子核の密度は、

$$\rho = m/\mathrm{V} \sim 3.0 \times 10^{14}\,\mathrm{g/cm^3}$$

となる。これは、大きさが1 mm^{3}の原子核があると仮定すると重量が30万トンとなり、超大型タンカーに相当する。物質をこのような高密度に閉じ込める力を“強い力”という。強い力を理論的に解明した湯川秀樹は、その功績で1949年ノーベル物理学賞を受賞している。

問3

体重が60 kgの人間が原子核の密度の球体になったら、その直径はいくらか。
また、地球全体（質量6.0×10^{24} kg）が原子核の密度になったら、その直径はいくらか。

5.2　核反応

一般に化学的反応は試験管やフラスコを使って実験室で行うことができる。化学反応は電子が関与する現象である。例えば、炭素が燃焼すると、

$$\mathrm{C} + \mathrm{O_2} \rightarrow \mathrm{CO_2} + 4.1\,\mathrm{eV}$$

の発熱エネルギーがある[(8)]。一般的な核反応と比較すると反応エネルギーが約100万分の1程度である。これまで見てきたように、原子核は強い力で結合し非常に密度が高く、容易に反応が起こらない。原子核反応を起こすには、陽子やヘリウム等の荷電粒子を高速に加速して、標的に衝突させることが必要である。例えば、窒素14（^{14}N）(14.003074u）に^{4}He（4.002603u）を衝突させて、酸素17（^{17}O）(16.999133u）と^{1}H（1.007825u）を生成する核反応を起こすには、^{4}Heを1.2 MeV以上のエネルギーに加速して^{14}Nに衝突させる必要がある[(9)]。

$$^{14}_{7}N + ^{4}_{2}He \rightarrow ^{17}_{8}O + ^{1}_{1}H - 1.2\,MeV$$

安定な原子核を核反応で改変させるには高いエネルギーが必要である。他方、一旦励起状態（不安定）になった放射性原子核からは、高いエネルギーの粒子線（例えば、アルファ（α）線やβ線）や電磁波（ガンマ（γ）線）が放出される。

問4

高いエネルギーの電磁波として、一般にX線とγ線が知られている。両者を識別する物理的事項を説明せよ。

5.3　加速器

加速器には、大きく分けて4種類ある[(10)]。高圧の静電場で加速するコッククロフト・ウオルトン型およびバンデグラーフ型加速器は、原理が簡単で制御が容易であるが、加速粒子のエネルギーが低い欠点がある。サイクロトロンは、

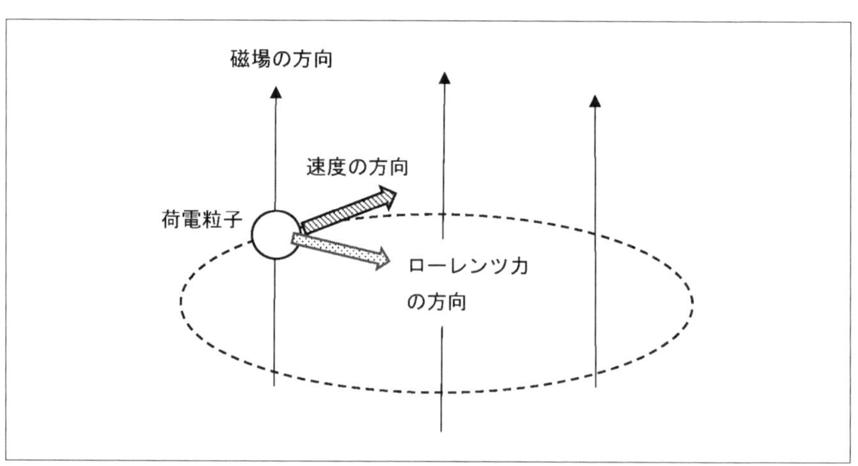

（出典）https://juken-mikata.net/how-to/physics/lorentz-force.html「受験のミカタ」（「ローレンツ力」）より改変。

図2-3　磁場、速度、ローレンツ力の方向の模式図

円形加速器の一つで、静磁場と高周波電場により荷電粒子を運動させ、徐々に大きな らせん軌道を運動させることで加速する。**図2-3**に示すように、荷電粒子が磁場の方向と垂直な方向に運動すると、速度と磁場の両方向に垂直な方向に力（ローレンツ力）が働く(11)。その結果、荷電粒子は、磁場に垂直な面で円運動をする。サイクロトロンは、装置が比較的小型であることから、よく粒子線治療に用いられている。数十ギガエレクトロンボルト（GeV）の高エネルギー粒子線を作るには、荷電粒子の軌道を制御する磁場強度と加速する高周波電場を同期させるシンクロトロンを利用する。大きな電流密度の粒子線加速には、直線的な軌道を高周波電場で加速するリニアック（線形加速器）を利用する。

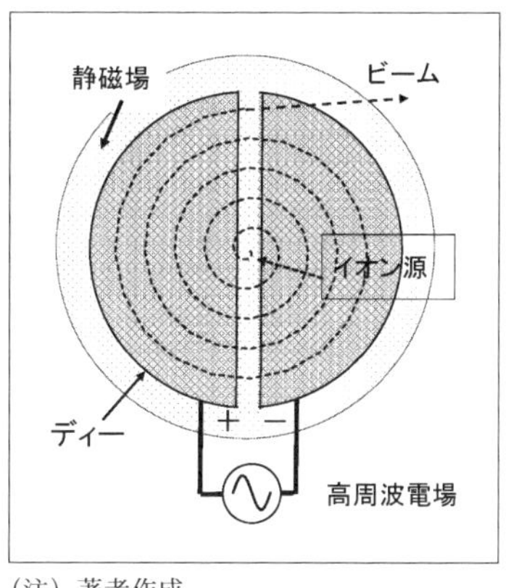

（注）著者作成。

図2-4　サイクロトロンの模式図

図2-4はサイクロトロンを上から見た模式図である。ディーと呼ばれる半円形の電極板４枚を上下に配置した間を荷電粒子がらせん運動する。荷電粒子がイオン源から出ると、左右のディーの隙間の高周波電場で加速される。ディーの中では紙面に垂直に印加された静磁場でローレンツ力による円運動をする。再び左右のディーの隙間にくるとまた加速され、徐々に大きな軌道運動をし、エネルギーが高くなる。**図2-5**はリニアックの模式図である。長さが徐々に長

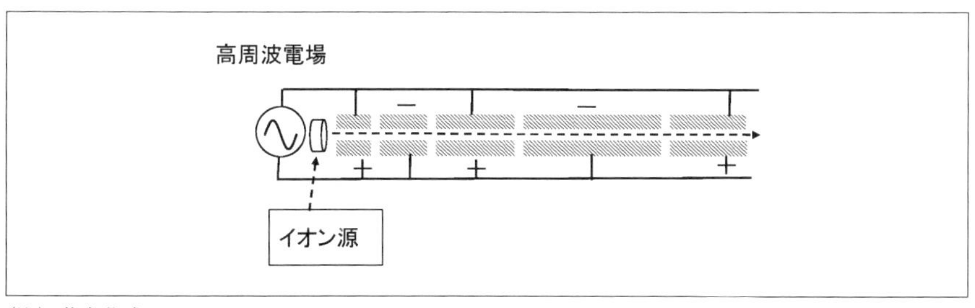

（注）著者作成。

図2-5　リニアックの模式図

くなる中空のパイプ（加速管）を直線状に配置して、パイプに高周波電場を印加する。荷電粒子は、パイプの隙間で加速され、徐々にエネルギーを上げる。

なお、小型のリニアックやサイクロトロンは医療にも広く利用され、前者はがんの放射線治療に、後者は放射性医薬品の製造に使われている。

原子番号113の新しい元素が埼玉県和光市にある理化学研究所仁科加速器科学研究センターを中心とするチームで発見され、ニホニウムNh（nihonium）と命名された[(12)]。このチームでは、リニアックと4つのサイクロトロンを組み合わせた加速器群で、新しい元素を発見している。国内には、大小様々な加速器があるが、大きな施設として茨城県東海村に大強度陽子加速器施設（J-PARC）がある。リニアックと2つのシンクロトロンを組み合わせて、高エネルギー・高強度の陽子線を生成し、基礎科学および産業技術の発展に寄与している。日本では、ニュートリノ研究により2度ノーベル物理学賞（2002年に小柴昌俊氏、2015年に梶田隆章氏）を受賞している。2019年からハイパーカミオカンデ計画が始まった。これは、J-PARCの主リングシンクロトロンで大強度ニュートリノビームを作り、295km離れた岐阜県の神岡町に建設するチェレンコフ検出器ハイパーカミオカンデに打ち込み、ニュートリノの謎を解明する実験である[(13)]。世界的には、スイスのジュネーブに本部がある欧州原子核研究機構（CERN）が大きい。日本からも多くの研究チームが参加する国際共同利用施設である。シンクロトロンの全長は約27kmあり、スイスとフランスの国境をまたいでいる。これらの施設では物質構造の究極的解明に挑戦し、その目的の一つに宇宙創生メカニズムの解明がある。

第6節 おわりに

原子核や素粒子の研究は、一見我々の日常生活と関わりがないように見えるが、その関連技術は科学技術の発展に大きく寄与している。例えば、がんの全身チェックに利用されるPET（陽電子放射断層撮影）には、サイクロトロンを使い製造された短寿命な放射性医薬品が利用される。一般の放射線治療では直線加速器で加速した電子をターゲットにあて、出てくる高エネルギーX線を利用している。重粒子線治療は加速器を利用した先端医療技術で、本邦では主に炭素線が用いられている。また、最近のホウ素中性子捕獲治療（BNCT）では加速器を中性子発生源として利用している。原子核の基礎的知識を身につけることは、最新の医療技術を理解する上でも重要である。

第7節 アクティブラーニング

(1) 教員の心構え

始めに、できるだけ学部をまたぐように受講生を4～5人のグループに班編成した。事前課題（「質量とエネルギーの等価性」について200字以内でまとめ、メールアドレスに送信すること）を各班でまとめて提出させ、グループ内のコミュニケーションがスムーズに進むように配慮した。

(2) 学生に期待すること

講義で扱う原子核物理学について、グループで既知の事柄と未知の事柄を明確にして知識を交換し合い、知的好奇心を高めてほしい。

(3) 内容

講義内容に関する問1～問4について、グループで解答を作成し、代表者に板書してもらった。最後に、シャトルカードを利用して「エネルギーとは」という問に簡潔に解答してもらった。

《問の答え》

［問1］直径1×10^{-10}mを1km＝1000mに拡大すると、倍率は1×10^{13}である。陽子の直径2×10^{-15}mを1×10^{13}倍すると、2×10^{-2}m＝2cmとなる。これは1円玉の直径と同じである。

［問2］核融合のエネルギー5.8×10^{11}Jを灯油1gのエネルギーで割ると、約13tとなる。広島に投下された原爆のエネルギーは、6.3×10^{13}Jといわれている。^{2}Hの量に換算すると約100gである。

$$5.8\times10^{11}\div(4.6\times10^{4})=1.3\times10^{7}\mathrm{g}=13\mathrm{t}$$

［問3］求める球体の半径をr［m］とすると、下式より直径約7μmとなる。これは、赤血球1個の大きさ程度である。地球の直径は、約330mになる。

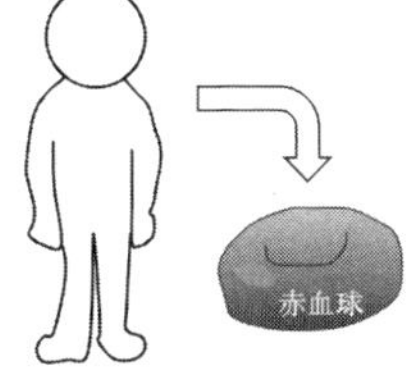

$$\frac{4\pi}{3}r^{3}\times3.0\times10^{17}=60$$

$$\therefore r=3.6\times10^{-6}\mathrm{m}$$

［問4］原子を考えた場合、電子が高い励起状態から低い状態に遷移するときに放出されるのがX線であり、原子核が高い励起状態から低い状態に遷移する時に放出されるのがγ線といえる。エネルギーの高低ではなく、電磁波の発生源によって区別する。

注

(1) 影山誠三郎『原子核物理第3版』朝倉書店、1977年。
(2) 大槻義彦・小牧研一郎・長岡洋介・原康夫『物理Ⅱ』実教出版、2005年。
(3) 前掲書。
(4) 影山誠三郎『原子核物理第3版』朝倉書店、1977年。玉虫文一ほか『理化学辞典第3版』岩波書店、1977年。
(5) 影山誠三郎『原子核物理第3版』朝倉書店、1977年。
(6) 前掲書。
(7) 前掲書。
(8) http://ne.phys.kyushu-u.ac.jp/seminar/MicroWorld3/3Part3/3P31/nuclear_energy.htm
(9) https://atomica.jaea.go.jp/data/detail/dat_detail_03-06-03-03.html
(10) https://www2.kek.jp/kids/accelerator/accelerator01.html
(11) https://juken-mikata.net/how-to/physics/lorentz-force.html
(12) http://www.nishina.riken.jp/113/#
(13) https://j-parc.jp/c/topics/2020/02/28000466.html

第3章

放射線の生体への影響

小川　良平

第1節　はじめに

福島第一原発の事故で相当量の放射性同位元素（Radioisotope、RI）が放出された。放射線に被ばくする危険性が高まり、多くの人々の注目を集めたが、具体的にはどのようなことが心配されるのだろうか。放射線が生体に及ぼす影響は多岐にわたる。放射線の種類、線量と線量率、外部被ばくか内部被ばくか、全身被ばくか局所被ばくかなどにより変化する。本章では、それらについて学んでいく。

第2節　放射線の初期過程と細胞への影響

生体の重量のうちおよそ70％は水である。したがって、生体をつくる高分子である核酸や蛋白質は水に溶けている状態で存在するとみなすこともできる。生体に放射線を照射すると、多くの場合水分子の電離や励起などを引き起こす。その後、複雑な一連の反応により化学的に高い反応性を持つフリーラジカル(1)や活性種が生成する。これらが拡散し、周囲の生体高分子との反応により損傷を引き起こす。放射線が生体高分子に直接当たる場合、生体高分子自体が電離・励起することで自身の損傷に結びつく。前者を間接作用、後者を直接作用と呼ぶ。

大腸菌や酵母、ウイルスなどにおいて、ゲノムの倍数性、遺伝子の構造（一本鎖か二本鎖か）が同じであれば、それらの放射線感受性はDNA（デオキシリボ核酸）量に比例する。このことは、放射線影響の最も重要な標的はDNAであることを示している。DNAは遺伝子を構成する遺伝物質である。遺伝子を構成するDNAは異なる4種類の塩基を含む単量体のデオキシリボ核酸が鎖状に連なった状態で形成されており、その配列（並び順）が遺伝情報を構成している。高線量の放射線を被ばくすると、DNAだけでなく細胞質や細胞膜などにも影響が及び結果として即時的な細胞死をもたらす。一方、低線量放射線などによる小規模なDNA損傷に対しては、細胞は様々な手段でその修復を試みる。多くの場合DNA損傷の修復は成功し、もとの配列が再現されるが、まれに誤った修復や不十分な修復により異なる配列になる場合もある。これが突然変異である。

DNA損傷には、二本鎖のうちの一方が切断される一本鎖切断と二本とも切断される二本鎖切断がある。一本鎖切断は修復が比較的容易であるが、二本鎖切断が起きた場合には、修復エラーが起きることがある。二本鎖切断の修復には、相同組換え修復と非相同末端結合とがある。相同組換え修復では、塩基の相同性をもとに修復されるためエラーは起きにくいが、非相同末端結合による修復では、誤った末端をつなげたり、また数個のヌクレオチドの欠失や挿入を生じたりすることがあり、その結果、染色体異常や遺伝子突然変異が生じる。放射線による突然変異は、規模や状況によりその影響は様々であるが、遺伝子機能の変化や喪失を伴うこともあり、その場合、細胞に様々な変化を与えることとなる。

放射線被ばくした細胞のその後の運命は様々である。個体から取り出した細胞に放射線を当てて観察すると、上記のように即時に死ぬ細胞がある一方で、分裂・増殖を続ける細胞もある。さらには、死には至らないが増殖を停止する細胞、照射後しばらくしてから死に至る細胞や、細胞分裂の後に増殖停止や死に至る細胞もある。いずれにせよ、同じ放射線であれば、その線量が高くなるほど細胞死の割合は増加する。

第3節 被ばく様式による影響の違い

放射線の個体への影響には、細胞への影響が基本となる一方で、個体から取り出した細胞にはない機能（例：恒常性など）も関与する。また、どのように放射線を被ばくするかも生体への影響に違いをもたらす。

まず、体外から放射線を被ばくする外部被ばくと、体内に取り込まれた放射線源から直接放射線を被ばくする内部被ばくを比較してみよう。

放射線はその種類で透過性が異なり、光と同じ電磁波であるエックス（X）線やガンマ（γ）線は、透過性が高く体を通過する場合もあり、外部被ばくによる生体影響を考えた場合、最も重要である。ただし、それらのエネルギーは、体内深部に到達するまでに吸収されて減衰する。質量を有する荷電粒子であるアルファ（α）線やベータ（β）線は、通常、ほぼ体表面で停止し、体内深部にまでは到達しない。そのため、体内深部に存在する重要組織・臓器への被ばくは限られる。

一方、体内に取り込まれたRIは、その化学的性質に従って特定の組織・臓器に吸収・蓄積される。これを臓器親和性という。例えば、放射性のカルシウム48（^{48}Ca）やストロンチウム90（^{90}Sr）は骨に、ヨウ素131（^{131}I）は甲状腺に沈着する。その後、組織・臓器の新陳代謝に応じて排泄されるまで放射線を発生するため、沈着した体内深部の重要組織・臓器は至近距離で放射線に直接さらされ続けることとなる。

また、放射線の線量が同じでも、線量を分割して、あるいは低い線量率で長時間被ばくすると、一度に、あるいは短時間に被ばくするよりも、一般的に生体への影響は小さくなる。これは、生物が進化の過程で獲得した放射線影響に対応する能力に関係している。低い線量率で長時間被ばくした場合、DNAなどの生体内高分子に生じる損傷は生体が保持する修復能力で対処できるが、短時間に一定以上の被ばくをした場合は、引き起こされる大規模な損傷に対処できず、その結果、細胞死等につながり、生体への影響が大きくなる。

このように、生体では被ばく様式の違いにより、放射線の影響は大きく異なる。

第4節　放射線の生体影響の分類

放射線の生体への影響は、いくつかの観点から分類して説明される。全般的な分類を**図3-1**に示す。

例えば、その影響が被ばく者に現れる身体的影響と被ばく者の子孫に現れる遺伝的影響に分類される。身体的影響はさらに被ばく後症状が出現するまでの潜伏期の長さの違いで早期影響と晩発影響とに分類される。

また、放射線防護の観点からは、しきい値を持たない確率的影響としきい値を持つ確定的影響とに分類される。前者は発がんや遺伝的影響であり、後者はそれ以外の障害すべてが含まれる。どちらの影響も、放射線により引き起こされる生体高分子の損傷から始まる。比較的高い線量の放射線を被ばくした場合、多くの細胞死が起こるため組織としての働きが障害された結果、身体的影響として現れてくるものが確定的影響である（**図3-1**参照）。

放射線被ばくの後、細胞死の規模や程度によっては組織・臓器の働きに影響が出ない場合もある。したがって、障害を引き起こす細胞死の規模や程度は、放射線障害の一つの境界値となる。この境界を病的状態のしきい値と呼び、このしきい値を超えて確定的影響を引き起こす放射線量を線量のしきい値と呼ぶ。

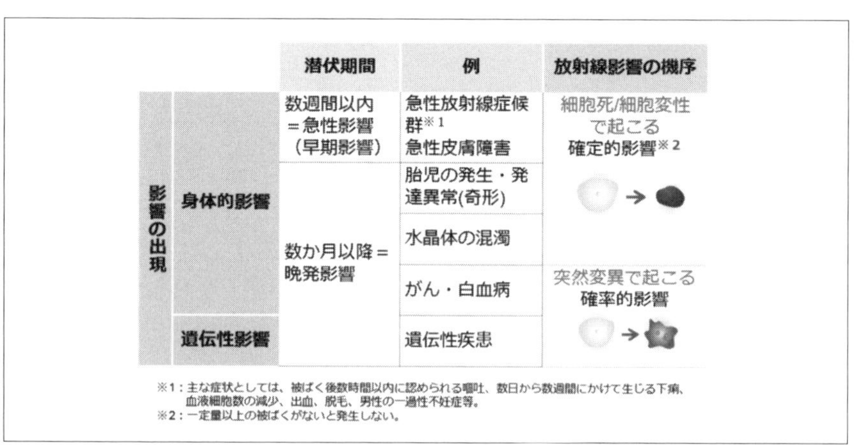

		潜伏期間	例	放射線影響の機序
影響の出現	身体的影響	数週間以内＝急性影響（早期影響）	急性放射線症候群※1 急性皮膚障害	細胞死/細胞変性で起こる 確定的影響※2
		数か月以降＝晩発影響	胎児の発生・発達異常(奇形)	
			水晶体の混濁	
			がん・白血病	突然変異で起こる 確率的影響
	遺伝性影響		遺伝性疾患	

※1：主な症状としては、被ばく後数時間以内に認められる嘔吐、数日から数週間にかけて生じる下痢、血液細胞数の減少、出血、脱毛、男性の一過性不妊症等。
※2：一定量以上の被ばくがないと発生しない。

（出典）環境省ホームページ　https://www.env.go.jp/chemi/rhm/kisoshiryo/pdf_h28/2016tk1s03.pdf

図3-1　放射線の生体影響の種類

被ばく放射線量が高くなれば、線量のしきい値を超えて必ず障害を引き起こすので確定的影響と呼ぶ。

一方、病的状態のしきい値を超えない場合や、確定的影響が治癒した後も生き残った細胞中に被ばくにより発生した突然変異が残されている場合があり、将来、発がんや遺伝的影響に結びつく可能性がある。放射線被ばくによる突然変異は細胞のゲノムDNA中のどこにでもほぼ同じように発生すると考えられる。したがって、突然変異が、発がんや遺伝的影響に結びつくような重要な遺伝子上に発生するかどうかは確率に左右されるため確率的影響と呼ぶ。

第5節 放射線の早期影響

早期影響と晩発影響の分類は、放射線被ばくから症状の発現までの潜伏期の長さによる。厳密に決められているわけではないが、被ばく直後から数週間を経てなんらかの症状を発現するものを早期影響と呼ぶ。早期影響は、比較的高い線量の放射線を短い時間で被ばくした場合に起こる身体影響で、すべて確定的影響である。

5.1 急性放射線症候群

急性放射線症候群は、吐き気や嘔吐、頭痛や意識障害、さらには発熱などを症状とする早期影響の障害である。これらの症状の潜伏期や発現期間、重症度などは、被ばく線量に依存する。ヒトが全身被ばくした場合、1グレイ（Gy）程度の放射線で症状が出始め、被ばくが2Gy以上になると重症化して死亡する症例が出て、4Gyの被ばくで30日以内に約半数が死亡すると推定されている。

被ばく線量と生存日数の関係をグラフに表すと、**図3-2**に示すように階段状のグラフとなる。これは線量によって放射線急性死につながる標的組織が異なるためである。2～5Gyの被ばくでは、継続的な出血傾向や感染を引き起こし、数週間から数カ月で死に至る。死亡の原因となる標的組織は骨髄などの造血組織であるため、これらの急性死は骨髄死と呼ばれる。血球細胞は比較的高い放

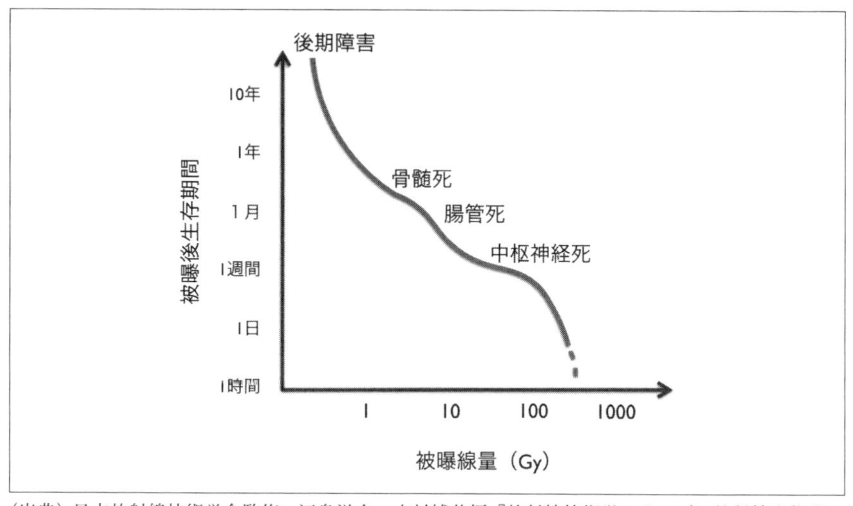

（出典）日本放射線技術学会監修、江島洋介・木村博共編『放射線技術学シリーズ　放射線生物学』オーム社、2002年、p133より改変。

図3-2　全身被ばく線量と生存期間

射線感受性を示すが、未分化な血球細胞やリンパ球の放射線感受性は特に高い。そのため2～3Gy以上の放射線の被ばくによって新たな血球細胞の供給が阻害されるため、血液凝固や感染防御に障害をもたらす。新しい細胞の供給が回復しない場合、これらの症状により死に至る。

さらに高い線量である5～20Gyの放射線を被ばくすると数週間で死に至る。この時の標的は腸の上皮細胞であるため腸管死と呼ばれる。腸の上皮は新陳代謝が盛んで、絨毛突起の先端から古い細胞が脱落するのに応じて、絨毛突起の間の窪みに存在する幹細胞が盛んに分裂し、新たな細胞を絨毛突起の先端に向かって押し上げるように供給している。放射線の被ばくでこの幹細胞の分裂が一時停止、場合によっては細胞死に至ることで新たな細胞の供給が止まる。これにより、腸上皮の補填が行われず腸管内と体内との障壁が失われることで、下痢や下血が続き、栄養障害や感染性が高まり死に至る。

20Gy以上の高い放射線を全身被ばくすると、脳の血管透過性の亢進による脳浮腫が発生し、さらに被ばく線量が増えれば放射線抵抗性の神経系細胞にも直接的な障害が起こる。神経は生体の生存維持にとって特に重要な組織であるため、数日以内に神経症状やショック症状を呈し死亡する。このような死亡を中枢神経死と称する。

5.2 放射線感受性

全身被ばくの際は放射線感受性の高い組織、その中でも生体にとってより重要な組織への影響が顕在化しやすい。それに対して、体の一部を被ばくする局所被ばくの場合は被ばくする組織・臓器がそれぞれの放射線感受性に応じて影響を受ける。**表3-1**に局所被ばくの影響についてまとめた。生体の各組織・臓器の放射線感受性は様々であるが、放射線感受性の高い組織・細胞には共通性がある。放射線感受性に関して1906年にフランスの医師で生物学者のジャン・A・ベルゴニエ (Jean A. Bergonie) とルイ・トリボンドー (Luis Tribondeau) が発見した法則がある。それによると、細胞の放射線感受性は、(1) 細胞分裂頻度が高いほど、(2) 将来の分裂回数が多いほど、(3) 形態的・機能的に未分化なほど、高くなる。この法則が当てはまらない組織・細胞も存在する (例：末梢血リンパ球) が、放射線感受性を考慮する上での原則であり、放射線治療を行う上でもその基礎的裏付けとして重要である。

表3-1 局所急性被ばくのしきい線量とその影響

組織および影響		しきい線量（Gy）
精巣	一時不妊	～0.1
	永久不妊	～6
卵巣	永久不妊	～3
水晶体	白内障	～0.5
骨髄	造血機能低下	～0.5
皮膚	紅斑	3～6
	萎縮	10

(出典) ICRP, Statement on tissue reactions, publication 118. *Annals of the ICRP*, 41, 2012. p298より著者作成。

第6節　放射線の晩発影響

晩発影響では、放射線を被ばくして数カ月以上、場合によっては数十年という長い潜伏期間の後に症状が現れる。白内障、遺伝的影響、発がんがこれにあたる。

6.1　白内障

白内障は本来透明な水晶体が混濁し、視力の低下を招く視覚障害である。水晶体は目のレンズ部分となる組織で、上皮細胞が盛んに分裂を繰り返しており放射線感受性が高い。多くの場合老化が原因で発症するが、放射線の被ばくでも分化不全を起こした上皮細胞が蓄積することで白濁が生じると考えられている。国際放射線防護委員会（ICRP）の報告書によると被ばく後20年以降に視覚障害性白内障が生じるしきい線量は急性、慢性被ばくともに0.5 Gy、また、潜伏期間は約6カ月から数十年で、被ばく線量の増加に応じて短くなる傾向がある[(2)]。

6.2　遺伝的影響

遺伝的影響とは、生殖器官などに存在する生殖細胞中に発生した突然変異が子孫に伝えられていく影響である。動物実験では、1946年にノーベル賞を受賞した、米国の遺伝学者ハーマン・J・マラー（Hermann J. Muller）のキイロショウジョウバエを使用した研究がある。彼は、親バエへの放射線照射が線量依存的な子孫バエへの突然変異の発生を誘導することを実験的に明らかにした。また、ウイリアム・L・ラッセル（William L. Russel）らが1950年代から長期にわたって実施した、いわゆる「メガマウス実験」では、哺乳動物であるマウスでも放射線による線量および線量率に依存した遺伝的影響が確認されている。

ヒトでも原爆被ばく者やその子孫の方々について、遺伝的影響についての調査が継続的に行われている。しかし、現在までの調査結果では、ヒトでの遺伝的影響は確認されていない。

6.3 発がん

最も関心の高い放射線影響のひとつに発がんがあり、これは晩発影響に分類される。放射線による発がんは、放射線の発見から数年後の1902年にすでに報告されている。その後、放射線やRIが医療や産業に広く利用されるに従って、放射線発がんの事例も増加していった。

よく知られた事例のひとつが1920年代以降に発生した時計の文字盤ペインターの事例である。当時、ラジウム226（^{226}Ra）を蛍光塗料に混合した夜光塗料が文字盤に利用されたが、文字盤ペインターと呼ばれる人たちは、塗料をつけた筆を舌で舐めて整え作業を行った。そのため、体内に取り込まれた^{226}Raは臓器親和性を持つ骨に集積し、α線に被ばくすることで骨腫瘍が多発した。医療においては、例えば、1930年代より血管造影剤として利用されたトロトラストに含まれる放射性のトリウム232（^{232}Th）が患者の肝臓に蓄積し、肝がんと白血病の発生が確認されている。

これらのような事例を通して、放射線の被ばくによる発がんが明らかとなった。しかし、被ばく線量と発がんの正確な関係性を明らかにするのは容易ではない。なぜならば、発がんの原因は放射線だけではない上に、放射線発がんの増加は確率的でしかもその確率は低い。また、潜伏期も非常に長いなど、調査が困難を極めるためである。

このような場合、疫学的な手法が効力を発揮する。それにより、被ばくしたヒトの集団と被ばくしていないヒトの集団とを統計的に比較することで、放射線被ばくと発がんの関係をリスクとして把握することが可能となる。これらの集団を形成する人数は多ければ多いほど正確な解析が可能となる。

広島・長崎の原爆被ばく者の方々がこれまで最も大きな放射線被ばくの疫学調査対象集団であり、その数は十数万人にも達する。現在も継続されている調査により多くの有益な情報が得られている。例えば、白血病の過剰リスクは被ばく後2年ほどしてから増加しはじめ6～7年ほどでピークに達した後、徐々に減少に転じるが、固形がんのリスクは被ばく後約10年を経てはじめて増加してくることなどが示された。さらには、被ばく線量と発がんリスクの関係については、固形がんでは被ばく線量に比例してリスクが増加する直線モデルに適合する結果が得られている。また、白血病でも被ばく線量の増加により発症リスクが増大するが、固形がんとは異なり、線形二次曲線モデルにより適合することが判明した。これらの結果は、白血病と固形がんの異なる発がんメカニズムを示している。

6.4 低線量放射線の生体影響

前項で述べたように、おおむね200 mSv以上の線量域では、被ばく線量と確率的影響のリスクの間に正の相関があることが明らかとなっている。しかし、200 mSv以下の低線量域における相関の有無は明らかとなっていない。一方、放射線作業者や一般人の放射線安全を確保するためには、低線量域における線量とリスクの関係を安全側に評価する必要がある。

このため、ICRPでは高線量域で明らかとなった被ばく線量とリスクの正の相関を、低線量域に外挿してリスクを評価することが妥当であるとした(3)。これがLNT（Linear Non-Threshold、しきい値なし直線）仮説である。LNT仮説は放射線防護の観点からは有用な仮説であるが、科学的に実証されたものではない。ICRPでは、この仮説に基づき高線量域におけるデータから、年間100 mSv以下の線量を“ゆっくりと”被ばくした場合の、放射線のみによるがん死亡の割合の増加は、100 mSv当たり0.5%と推定している(4)。

低線量放射線の生体影響に関する知見としては、動物実験においてしきい値

一口メモ メガマウス実験

“メガ”とは100万のこと即ち、非常に多くのマウスを使用した実験のことである。自然突然変異が生じる中で、放射線の低い線量でどの位突然変異が生じるか調べるには、マウスの数を増やさないと正確なことは言えない。米国オークリッジ研究所のラッセルらの研究が有名であるが、Russel and Kelly, PNAS（1982）の論文では対照群に約73万匹、照射群に計約79万匹のマウスを使用し、雄マウスの放射線誘発突然変異率の線量および線量率依存性の結果を示した。数だけでなく息の長い仕事が必要で、このような途方もない努力の積み重ねがあって後世に残る基礎研究のデータが得られる。

が明瞭な線量－腫瘍発生率を示す腫瘍があることが報告されている[5]。また、あらかじめ低線量の放射線を照射しておくと、高線量照射による影響が低減する「適応応答」[6]や、低線量放射線を一部の細胞に照射するとき、照射されていない近傍の細胞にも影響が現れる「バイスタンダー効果」[7]などの現象が明らかとなっており、低線量放射線に対する生体の応答が、高線量域とは異なることがわかってきた。今後、動物実験などにより低線量放射線の影響についての理解がさらに深まることが期待される[8]。

第7節　放射線ホルミシス

放射線ホルミシスとは、微量の放射線が生物活性を刺激したり、適応応答を引き起こしたりするなど、ホルモンのような体に良い効果があるという仮説である。一定の条件下での放射線のホルミシス効果を認める報告はあるが、放射線の影響として一般化し、放射線リスクの評価に取り入れることは難しいとされている。

第8節　胎児および小児への放射線影響

8.1　胎児への放射線影響

胎児は成人と同様に生体であるが、成人の放射線影響とはかなり異なる様相を示す。受精卵は胎児となり成長を続けて最終的に出生する。その間は未分化で、細胞分裂を繰り返しており、先に示したベルゴニエとトリボンドーの法則に照らして考えると、その放射線感受性は高いと推定される。

卵子は卵管内で受精後、数回分裂を繰り返して胞胚となる頃に子宮へと到達し内膜に着床する。約2週間にわたるこの期間に放射線を被ばくすると0.1 Gyほどの低い放射線でも死亡する。着床前の受精卵は放射線感受性が非常に高く、異常をかかえたまま発生を進めることはない。逆に、被ばくしてもそのまま着床し発生を続ける受精卵はそのほとんどが正常である。受精卵にみられるこの性質のことをAll or Noneの法則と呼ぶ。

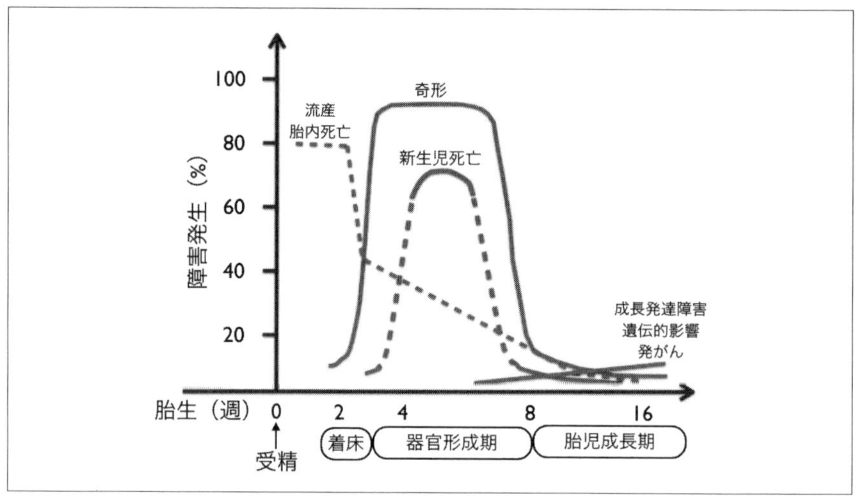

（出典）日本放射線技術学会監修、江島洋介・木村博共編『放射線技術学シリーズ　放射線生物学』オーム社、2002年、p141より改変。

図3-3　妊娠中約2Gy被ばくした場合の被ばく時期と発生する障害

受精後の2〜8週目において器官形成期を迎えるが、この時期は胎児の組織・臓器が順に形作られていく時期であるため、いわゆる大きな奇形が生じやすい。また、胎児が生存できないような異常が生じれば胎内死亡が起き流産する。出生後に生存できない異常であれば、新生児死亡が起こる。0.1Gy以上の被ばくで奇形の可能性が生じ、2Gy以上の被ばくでほとんどの場合で奇形が起こると考えられている。8〜15週目までは胎児成長期であるが、胎児の形はほぼできあがっており細部の完成が進行している。そのためこの時期に被ばくすると、感覚器官の形成不全や運動・知能障害など小さな奇形が起こる。また、成人と同様に発がんや遺伝的影響などの障害も起こる可能性がある。このような胎内被ばくと障害発生率の関係についてのグラフを**図3-3**に示す。

8.2　小児への放射線影響

小児の放射線感受性は一般的に成人よりも高い。発がんに関しては、原爆被ばく者の方々の調査では、若いほどその感受性が高いことを示すデータも得られている。特に、白血病、甲状腺がん、皮膚がん、骨がんなどのリスクが小児で高いとされる(9)。小児は成長途上であるため、成人と比較して各組織の細胞が活発に分裂・増殖していることも原因の一つと考えられる。

第9節 アクティブラーニング

以下のテーマについて各グループで討論し、各自の意見をまとめなさい。

- 通常、一般公衆の年間線量限度は1mSvであるが、福島原発爆発事故の後一時的に20mSvまでに緩和された。これについてどのように考えるか。
- 少しの放射能汚染や被ばくでも大きく騒がれるが、その理由を考えなさい。また、不必要に大きな騒動を鎮めるためのアイデアをだしなさい。

注

(1) 不対電子を1つ、またはそれ以上持つ分子、原子のこと。分子の中の電子は通常対をなして存在し、安定している。何らかの原因で、その電子が対をなさなくなる場合がある。そのような、1つだけで存在する対を成さない電子（不対電子）を持つ原子や分子をフリーラジカルと呼ぶ。

(2) ICRP, Statement on tissue reactions / early and late effects of radiation in normal tissues and organs - threshold doses for tissue reactions in a radiation protection context. ICRP publication 118. *Ann. ICRP*, 41 (1-2), 2012.

(3) ICRP, Low-dose extrapolation of radiation-related cancer risk. ICRP publication 99. *Ann. ICRP* 35 (4), 2005.

(4) 量子科学技術研究開発機構量子医学・医療部門ホームページ「放射線被ばくに関するQ&A 1. 放射線の人体への影響」。https://www.nirs.qst. go.jp/information/qa/qa.php

(5) Ullrich, R. L., Storer, J. B. Influence of γ irradiation on the development of neoplastic disease in mice: III. dose-rate effects. *Radiat. Res.* 80 (2), 325-342, 1979.

(6) Azzam, E. I., *et al.* Radiation-induced adaptive response for protection against micronucleus formation and neoplastic transformation in C3H10T1/2 mouse embryo cells. *Radiat. Res.* 138 (1s), s28-s31, 1994.

(7) Sawant, S. G., *et al.* The bystander effect in radiation oncogenesis: I. transformation in C3H10T1/2 cells in vitro can be initiated in the unirradiated neighbors of irradiated cells. *Radiat. Res.* 155 (3), 397-401, 2001.

(8) 小木曽洋一「しきい値のない直線仮説って何？」『環境科学技術研究所ミニ百科』H19年No.1、2007年。http://www.ies.or.jp/publicity_j/mini/2007-01.pdf
(9) UNSCEAR, Sources, effects and risks of ionizing radiation. UNSCEAR *Rep*. 2013.

参考文献

日本放射線技術学会監修、江島洋介・木村博共編『放射線技術学シリーズ　放射線生物学（改訂2版）』オーム社、2002年。
松本義久編『人体のメカニズムから学ぶ――放射線生物学』メジカルビュー社、2017年。

第4章

放射線と医療

齋藤　淳一・近藤　隆

第1節　はじめに

19世紀後半に放射線や放射能に関する発見と研究が進み、医療への応用が試みられた。一方で、それらの安全性については当時よくわからず、被ばくによる障害も多く発生した。その後、放射線の安全性に関する研究も進み、診断は勿論、治療応用も格段に進み、現代医療にはなくてはならない手段となっている。

第2節　エックス(X)線の発見

1895年末ドイツのヴュルツブルグ（Wüerzburg）大学の物理学教授であったヴィルヘルム・コンラート・レントゲン（Wilhelm Conrad Röentgen, 1845-1923）は陰極線管（クルックス管）の実験から、いまだ知られていない放射線が遠くの蛍光板を光らせていることより、エックス（X）線を発見した。レントゲンはX線の性質を調べ、ヴュルツブルグ物理医学協会報告1895年版に報告した。この後、1901年、第1回ノーベル物理学賞を受賞した。夫人の手を撮影した写真が有名であるが、この後、X線の発見は医療に革命を起こすことになる（図4-1）。

一口メモ　発見したら報告を

クルックス管で有名な、サー・ウィリアム・クルックス（Sir William Crookes、1832-1919、イギリス）は陰極線の研究に多くの業績を残している。彼の実験は、陰極線の現象について、ほとんどすべてにわたり網羅的に行っていた。彼もまた未知の放射線の存在に気が付いていたかもしれないが、報告までに至っていない。研究では最初に新事実を発見すること、それを論文として報告し認知されることが重要である。

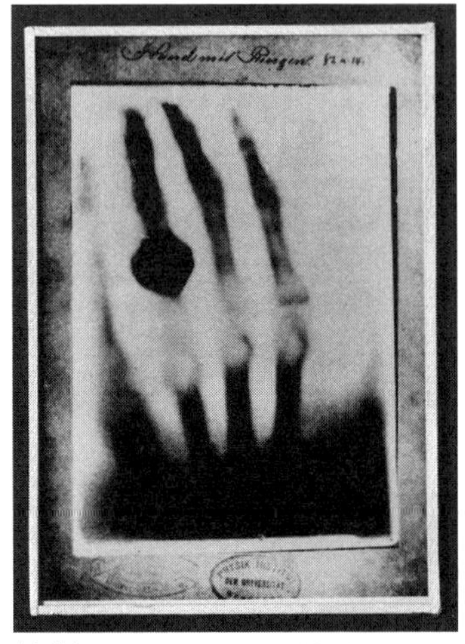

（出典）https://natgeo.nikkeibp.co.jp/nng/article/news/14/3373/

図4-1　X線による初めての透過像

第3節　放射能の発見

パリの科学博物館の物理学教授であったアントワーヌ・アンリ・ベクレル（Antoine Henri Becquerel、1852-1908）は、ウラン塩が写真乾板を黒化させることから1896年3月に“放射能”を発見した（放射能を発見したベクレル博士の名前は、現在放射能の単位（Bq：ベクレル）として使われている）。その後、ピエール・キュリー（Pierre Curie、1859-1906、フランス）とマリー・スクウォドフスカ・キュリー（Marie Sklodowska Curie、1867-1934、ポーランド、フランス）夫妻はウラン鉱石の中から新元素“ポロニウム（Po）”を発見、1898年7月、夫妻連名の報告が科学アカデミーに提出された。続いて、1898年9月、もう一つの放射性新元素“ラジウム（Ra）”が発見された。この発見はキュリー夫妻と同僚のペモンの共同研究として発表された。その後、放出される放射線には強い生物作用があることがわかり、20世紀初頭から積極的にがんの治療に利用されてきた。舌のがんの病巣にラジウム針を埋め込んだり（組織内照射）、子宮などの管腔にラジウム管を挿入したり（腔内照射）する照射法で、総称して密封小線源治療という新しい治療分野に発展した。現在、ラジウム223（^{223}Ra）は、骨

一口メモ　ラジウムガールズ

“ラジウムガールズ”は時計の文字盤にラジウム塗料を塗ることで放射線障害をこうむった、当時は最先端の女性工場労働者である。女性らは、塗料は無害であると説明され、筆の先端をうまく尖らせるために唇を使うよう指示され、その結果、多量のラジウム226（^{226}Ra）を体内に摂取することになった。その結果、被ばくした多くの女性は貧血、骨折、顎骨壊死を発症した。^{226}Raの毒性は一部には知られていたものの、十分な周知はなかった。最先端の科学といっても安全を証明するものではない。

転移のある去勢抵抗性前立腺がん治療に用いられる。一方で、“ラジウムガールズ”と称される、被ばく事故も発生した。

第４節　放射線による診断

4.1　一般撮影

一般撮影とは、Ｘ線を使って胸部や腹部、あるいは全身のいろいろな部位の骨などの写真を撮る検査である（いわゆるレントゲン写真）。組織の違いによってＸ線の吸収差が異なるため透過後のＸ線を画像化すれば、体の中の組織の状態がわかる。以前はフィルムを使用していたが、現在は、デジタル化されたデータをコンピュータ処理し診断に適した画像を提供している。健康診断で行う、胸部撮影、マンモグラフィ等がこれにあたる。

一口メモ　高値のＸ線写真

米女優の故マリリン・モンローの胸部と骨盤のレントゲン写真が2010年6月27日、ラスベガスで行われた競売において4万5,000ドル（約400万円）で落札された。 写真はモンローが1954年に病院を訪れた際に撮影されたものである。超有名女優はＸ線写真も超高いのである。

4.2　造影検査

X線の画像は透過像である。X線の吸収は原子番号に依存するので、その数が大きいほど吸収率も高い。この差を利用して、消化管の形態，粘膜の状態などの観察のために硫酸バリウムを、また、血管を調べるためにヨード造影剤を用いる造影検査がある。

このうち、特定の血管の状態や血液の流れを調べるためにカテーテルという細い管を腕や鼠径部の動脈から目的の血管まで通し、造影剤を血管に流して血管撮影を行う方法が血管造影検査（Angiography、アンギオグラフィ）といわれ、脳の血管や冠動脈（心臓に栄養を供給している血管）の検査に用いられている。

4.3　X線CT

X線検査は当時の診断に革命をもたらしたが、得られる画像は2次元の平面画像であり、実際の3次元人体とは異なり、体の中の位置関係を読み取ることは難しい場合が多い。1917年、ヨハン・ラドン（Johann Radon、1887-1956、オーストリア-ハンガリー）はCT（Computed Tomography、コンピュータ断層撮影）の原理である立体復元の数学的理論を確立した。CTスキャンの原理は体の各方向から撮影したX線写真をコンピュータで解析して一つの断層画面を構成し1枚のCT画像に合成するものである。すでに1946年、今のCTと同じ考え方でX線断層写真の撮影方法を開発していた日本人がいた。それは当時、東北大学医学部で放射線研究室の助教授であった高橋信次である。彼は1951年X線フィルムを利用した回転横断撮影法を発表したが、まだ、コンピュータのない時代としては画期的なものであった。

最初のCTは、ソーンEMI中央研究所で英国人のゴッドフリー・ニューボルド・ハウンズフィールド（Godfrey Newbold Hounsfield、1919-2004）によって発明された。ハウンズフィールドの研究はマサチューセッツ州のタフス大学のアラン・マクリオド・コーマック（Allan MacLeod Cormack、1924-1998）の理論を基にしており、彼らは1979年のノーベル生理学・医学賞を受賞した。その後、コンピュータ技術の進歩もあり、より速く、また、多くの断層像を撮像できる

一口メモ ビートルズとX線CT

最初に作られたX線CTは"EMIスキャナー"とも呼ばれ脳の断層撮影に用いられた。医療機器の開発には多くの資金が必要であるが、EMI社にはビートルズが所属しており、彼らの記録的なレコードの売上が、CT開発に繋がった。CTスキャナーは「ビートルズによる最も偉大な遺産」とも言われている。ビートルズは音楽のみならず、現代医療技術の発展にも大きな貢献をした。

マルチスライスCTに発展し、現在も進化し続けている。

第5節 放射線によるがん治療

5.1 X線(光子線)治療

X線の発見の翌年、1896年には米国で乳がん、ドイツで鼻咽頭がんなどを対象に、X線による放射線治療が試みられている。ただし、当時のX線はエネルギーも低く、効果があったにしても主に表在性の疾患に限られていた。この後、高電圧装置やクーリッジ管の開発により、がんの放射線治療が発展することとなる。また、X線だけではなく、コバルト60(^{60}Co)のガンマ(γ)線を利用する治療法も開発され、さらにリニアック(直線加速器)よる高エネルギーX線発生装置へと進んできた。

放射線によるがん治療は、一般的に腫瘍への照射線量を増やせば抗腫瘍効果は大きくなるが、同時に放射線による合併症の頻度も大きくなる。がん患部以外の正常組織も照射されるからである。この課題を解決したのが強度変調放射線治療(Intensity Modulated Radiation Therapy; IMRT)である。IMRTとは、コンピュータ制御で照射する範囲(照射野)の形を常に変化させて、腫瘍部分のみに放射線を集中照射して治療する画期的な新照射技術である(**図4-2**)。

また、定位放射線治療(Stereotactic Radiation Therapy; SRT)と称する、いわゆるピンポイント照射法も発展してきた。これはCT・MRI(Magnetic Resonance Imaging、核磁気共鳴画像法)などの画像情報をもとに病変の位置・形状・大きさを3次元座標上で正確に決定(その誤差は2 mm以内)し細い放射線の線束

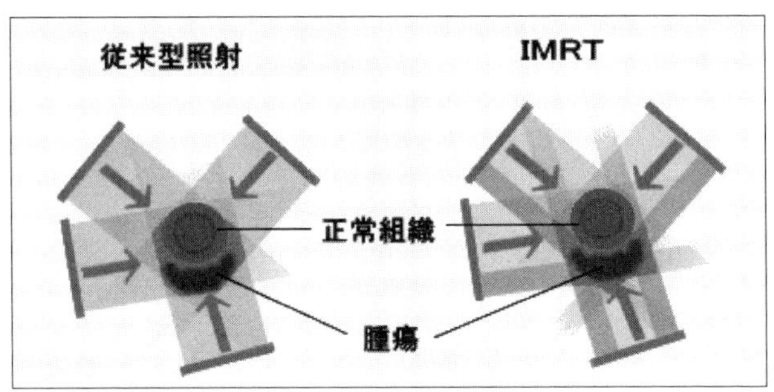

（出典）http://houshasenchiryou.kuron.jp/index.html

図4-2　強度変調放射線治療の原理

を多方向から集中して照射する方法である。

コバルトから出るγ線を用いた“ガンマナイフ”（エレクタ社製・スウェーデン）による治療や、工業用ロボットに小型の加速器を搭載し多方向からのX線照射が可能な“サイバーナイフ”（アキュレイ社製・米国）がこれに当たる。

放射線治療はがんの三大治療法の一つで、手術や化学療法（抗がん剤治療）とともにがん治療の中で重要な役割を果たしている。放射線治療は外科手術と同様にがんやがんの周辺のみを治療する局所療法であるが、臓器の形や機能が温存できる点が最大の特長であり、近年、放射線治療の精度が急速に進歩し「切

表4-1　がんの放射線治療の特徴

優れた点
・機能、形態の温存ができ、QOL（Quality of Life）に優れる。 ・どんな部位でも、原則、照射は可能。 ・副作用は比較的少なく、高齢者でも可能。 ・外来通院でも、治療が可能。
課題
・根治性は外科手術に比べてやや劣る。ただし、最近では同等以上の治療成績の報告もある。 ・通常の放射線の効きにくいがんがある。重粒子線、陽子線などで対応できる場合もある。 ・日本人に多い消化器がんでの根治的な役割は限定的である。 ・放射線治療特有の有害事象および少ないが二次発がんのリスクがある。

（注）著者作成。

らずに治せる」治療法となっている。対象も広がり、脳腫瘍、頭頸部がん、食道がん、肺がん、乳がん、前立腺がん、子宮頸がんなど多くのがんに適応される。また、骨や脳への転移による症状緩和などにも利用されている。放射線治療の特徴を**表4-1**にまとめた。

5.2 粒子線治療

放射線治療で用いられるX線は、エネルギーを高めるほど深いところまで達するが、照射された体の表面に近いところから穏やかにエネルギーを失う性質を有する（**図4-3**）。一方、陽子線や重粒子線（例：炭素線）などの粒子線は、一定の深さまで到達し、止まる直前に大量のエネルギーを失う性質を示す。これを“ブラッグ・ピーク”(Bragg peak) と呼ぶ。すなわち、X線では、皮膚の表面近くで放射線のエネルギーが最大になり、体の奥へ進むほど線量が減少するのに対し、陽子線や重粒子線は、体の中のある深さにおいて急激に線量が増加するので、がん病巣に高い放射線量を集中させることができ、正常組織への影響を少なくすることができる。また、X線では、がんの種類や性質により放射

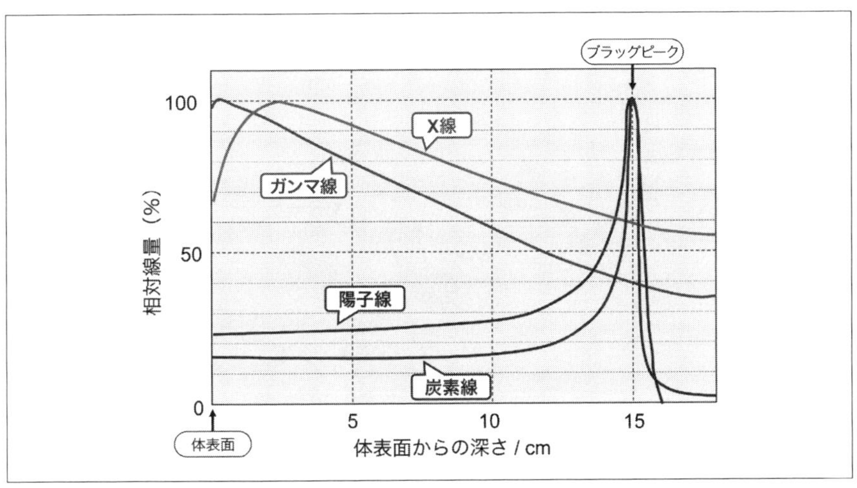

（注）著者作成。

図4-3 各種放射線の性質、相対線量と深さの関係

線抵抗性を示す場合もあるが、重粒子線ではこれらの抵抗性を示すがんにも有効性があるとされている。現在、粒子線治療の対象となるがんの種類も拡大され、また、全国に治療施設がつくられており、利用の拡大が進んでいる。

5.3 BNCT（ホウ素中性子捕獲療法）

ホウ素（B）化合物を体内に投与し、腫瘍にホウ素が集まったときに熱中性子を照射すると、腫瘍細胞内部でホウ素と熱中性子の核反応が生じ、核反応により発生したアルファ（α）線とリチウム7（^{7}Li）粒子が生成する。このα線と^{7}Li粒子はおよそ10ミクロンしか飛程がないため、取り込んだ細胞を選択的に治療できる方法がBNCT（Boron Neutron Capture Therapy、ホウ素中性子捕捉療法）である（**図4-4**）。通常の放射線治療では一般に30回（6週間）程度の分割回数で照射を行うが、本法では、多くの場合1回（1日）の照射で治療が終了する。以前は熱中性子の発生には原子炉を必要としていたが、小型加速器でも発生できるようになり、普及が期待される。

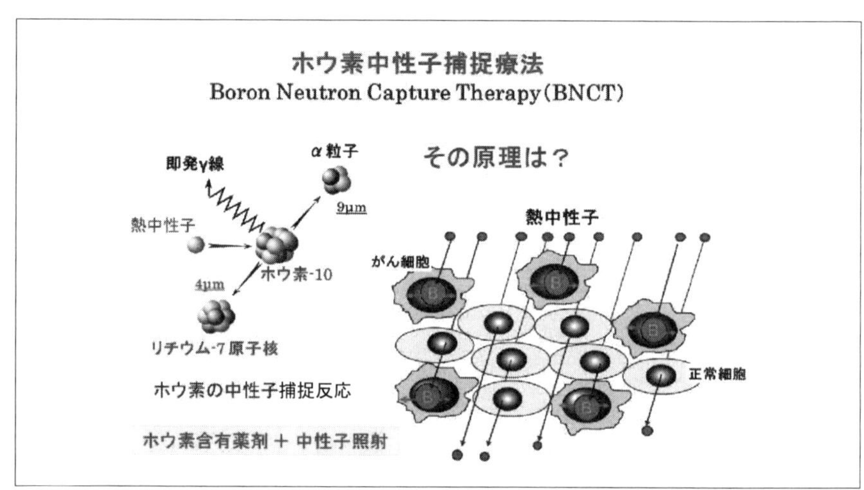

（出典）https://www.town.kumatori.lg.jp/kakuka/kikaku/seisakukikaku/bnct/ 1366785117368.html

図4-4　ホウ素中性子捕捉療法の原理

第6節 RIを用いた診断

6.1 PET診断

PETとは、Positron Emission Tomography（陽電子放出断層撮影）の略で、陽電子を放出する放射性医薬品を体内に投与し、特殊なカメラで放射線の位置及び強さをとらえて画像化する方法である。フッ素18（^{18}F、半減期：109分）で標識したブドウ糖の集積像から体の中でのがんの位置や脳におけるブドウ糖の消費量の変化が診断できる。PETで使用する放射性同位元素（Radioisotope、RI）は一般に半減期が短いので患者の被ばく量も少なくてすむ。

6.2 核医学診断

シンチグラフィ（Scintigraphy）は、γ線を出すRIで標識された薬剤を体内に投与後、放出される放射線をγカメラで画像化し、薬剤の分布を調べる検査である。薬剤の種類によってどの臓器に分布し、どの様な機能を反映するかが決まり、検査の種類が異なり、脳血流シンチグラフィ、骨シンチグラフィ、心筋シンチグラフィなどがある。前述のPET検査と同様に体の機能や病気の活動性などがわかる。

シンチグラフィの断層撮影のことをSPECT（Single Photon Emission Computed

一口メモ 身近にある物理学の不思議

PET検査で多用されている^{18}Fは陽電子（e^+）を放出する放射性核種である。陽電子は、反物質であるため、近くの陰電子と結合して消滅する。この時、2個の電子の質量が電磁波エネルギーに変換されて、電子の静止質量分のエネルギーに相当する2個の電磁波（光子）を互いに反対方向に放出する。PETでは、これを検出して画像化している。このエネルギーはアインシュタインの式$E=mc^2$で与えられ，1個の光子のエネルギーは約511 keVとなる。この光子を消滅放射線と称するが、物質と反物質が反応して、質量が“エネルギー”に代わるアインシュタイン世界が身近なところにある。

Tomography、単一光子放射断層撮影）と呼び、異常に薬剤が集まっている部位をより詳しく見ることができる。

第7節 RIを用いた治療

内部照射として、密封小線源治療、非密封のRIを用いた治療がある。

密封小線源治療は、RI（コバルト60（^{60}Co）、セシウム137（^{137}Cs）、イリジウム192（^{192}Ir）、金198（^{198}Au）など）を管、針、ワイヤー、粒状などの形状となった容器に密封して用いる。線源を留置する経路によって腔内照射、組織内照射と呼び、子宮などの腔内にあらかじめ細い金属管（アプリケータ）を配置し、その管を通して^{137}Csや^{192}Irなどの放射線源を留置する方法を腔内照射、がん組織やその周囲組織にアプリケータを直接刺入して行う方法を組織内照射という。どちらも、近年では線源をコンピュータで遠隔操作するリモートアフターローディング装置（Remote After Loading System、RALS）で行われることが多く、医療者が被ばくすることは少ない。密封小線源治療の特長を生かして、がん組織のすぐ近くに線源を置くことによって、がんには多くの放射線があたり、他の組織にはあたる量が少なくなるよう工夫されている。非密封のRI治療としては、ヨウ素131（^{131}I）を用いた甲状腺疾患の治療が行われているが、転移性骨腫瘍の治療目的にも利用されている。

第8節 放射線の滅菌・輸血製剤の照射利用

体に直接触れ、さらに体内に入る医療用具は衛生的であることが重要である。γ線や電子線を用いた放射線滅菌の他に高圧蒸気滅菌や酸化エチレンガス滅菌もあるが、放射線滅菌は、常温で滅菌可能、滅菌処理の後の残留物の心配が不要、乾燥処理も不要、梱包状態のまま滅菌可能等の特長を有している。

組織適合性のない2者間で輸血が行われた場合に、輸血血液に混入したドナーのリンパ球が受血者を非自己と認識し受血者体内で増殖して拒絶反応を示すことがある。これに伴って生じる病態を輸血後GVHD（graft vs. host disease、移植片対宿主病）という。発症後の死亡率は高いので、これを避けるために輸血用血液を放射線照射して特定のリンパ球の増殖能力を壊してから輸血することが必要とされている。

第9節 医療による放射線被ばく

放射線は現在、診断のみならず治療の場面でも広く用いられている。放射線は一般に分裂の盛んな細胞に影響することから、たとえ検査であっても胎児や乳幼児、小児への適用には慎重さが求められる。また同じ理由で、男女を問わず、生殖器への照射もなるべく線量を低く抑える必要がある。放射線を利用する際には、細胞や遺伝子が損傷するリスクを伴い、国民全体での医療被ばくが増えることは大きな課題である。

特に日本における人口当たりの胸部X線撮影及びCT検査実施件数は世界一で、このため医療被ばくの日本の平均値3.87 mSv/年は世界の平均値0.6 mSv/年に比べて、6倍以上も高い。

一方で、患者の医療被ばくに線量限度をもうけることは、便益より不利益の方が多いため適切ではないとされ、線量限度はない。ただし、放射線診療による患者の便益が常にリスクを上回っていることが担保されること、また、患者の医療被ばくを合理的に達成可能な限り低く抑えることが求められている。

現在、放射線診断機器の増加や診断回数増加、世界的な医療レベルの向上により医療被ばくは増加する傾向がある。また、被ばくの健康影響に関して、発がんだけでなく、心・血管障害や白内障など非がん影響も問題となっている。実態把握は今後の課題であるが、小児の医療被ばくも増加傾向にあり、放射線診断の正当化は勿論、用いる診断技法の適正化が必要となっている。今後とも低線量や分割被ばくと放射線によるがん以外の病気に関する科学的知見の集積が必要であり、わが国においても、医療現場における診断参考レベルの設定など最適化の方策が必要となる。さらに医療被ばくの現状把握のための組織的な取り組みが必要である。

第10節 アクティブラーニング

以上のような概説を行った後、数人ずつのグループを作り、一定の課題について10分程度のグループ討議を行い、それを踏まえて各自の意見をまとめるアクティブラーニングを展開する。グループ構成は自由とする。

例えば、次のような課題例が考えられる。

課題1

科学者は新しいものを発見した際、良い点は強調するが、不利益になるためか、その悪い点は触れないことがある。あなたが科学者ならどうするか？

課題2

医療における放射線の利用に“線量限度”（法的規制）はないが、今後も医療被ばくの線量が増える可能性を考えると、あなたは「どのようにしたらよいか」と考えるか？

グループごとに意見を発表してもらい、概説授業部分の理解度を把握するとともに専門や関心度によっては理解に個人差があること、グループ・個人で異なる意見があることを理解する。後日の試験ではなく、その日にすぐ討議すること、自らの意見を述べることで、知識の定着という利点がある。

参考文献

医用画像電子博物館（JIRA Virtual Museum）「放射線医学年表」。
http://www.jira-net.or.jp/vm/various2.html

医用原子力技術研究振興財団「中性子捕捉療法（BNCT）」。
http://www.antm.or.jp/06_bnct/0102.html

厚生労働省「医療被ばくの適正管理のあり方について」『第4回医療放射線の適正管理に関する検討会（資料）』2018年1月19日。
https://www.mhlw.go.jp/file/05-Shingikai-10801000-Iseikyoku-Soumuka/0000191778.pdf

国立がん研究センターがん情報サービス「放射線治療の種類と方法」。
https://ganjoho.jp/public/dia_tre/treatment/radiotherapy/rt_03.html

日本画像医療システム工業会「X線CT装置　詳細年表」。
http://www.jira-net.or.jp/vm/chronology_xrayct_01.html
日本原子力研究開発機構「原子力百科事典　ATOMICA」。
https://atomica.jaea.go.jp/list.html

第5章 放射線と薬

櫻井　宏明

第1節 放射性医薬品とは

いわゆる「薬」とは、医薬品医療機器等法[(1)]に規定されている医薬品のことを示す。処方箋に基づき調剤される「医療用医薬品」と、ドラッグストアなどで入手可能な「一般用医薬品」などがある。最近では、特許切れの新薬と同等性の確認された「ジェネリック医薬品」も数多く承認され、医療費の抑制策が講じられている。こうした医薬品の多くは病気を治療するためのものであり、薬剤師や登録販売者を介して入手することを基本とするが、一般用医薬品はネットから直接購入もできる。

体の外から放射線を照射するがんの放射線療法は一般的にある程度認知されているのに対して、放射線を発する医薬品を直接体内に投与して利用する「放射性医薬品」のことを知る人は少ない。自分の体内に放射性同位元素（ラジオアイソトープ、RI）を入れることは、気持ちのいいものではない。しかし、現代医療において、この放射性医薬品は欠くことのできない重要なものであり、この分野のことを核医学と呼んでいる。主に、投与された放射性医薬品が体のどの部位に集積しているのかを、体外から放射線を検出することで明らかにし、位置や集積度情報を病気の診断に利用している（**図5-1**）。また最近、放射線の殺細胞作用を利用した治療用放射性医薬品も開発されている。放射線測定器の進歩や、様々な診断用放射性医薬品や新しい作用機序の治療用放射性医薬品の開発に伴い、核医学の必要性は年々高まっている。一方、世界的に放射性医薬品の供給不足が起こっており、医療現場にも影響を及ぼす事態となっており、原子炉がほとんど稼働していない我が国においてどのように対処するかが議論されている。

1.1 診断用放射性医薬品の特徴

まず、放射性医薬品がどんなものかをみてみよう。核医学診断に用いられる放射線測定法は、前章記載の通りPET（陽電子放出断層撮影）とSPECT（単一光子放射断層撮影）、ガンマ（γ）線の分布と時間経過を画像化するシンチグラフィがある。いずれの場合も、体内に投与された放射性医薬品から発生する放射線を体外から測定し、体のどこに分布しているのかを画像として写し出す（図5-1）。画像診断法として一般的なX線診断、CTおよびMRI（これらには放射性医薬品は使わない）が組織の主に「形態」を写すのに対して、核医学診断では代謝や血流などの生体の「機能」を画像として表示できる点が特長である。さらに、

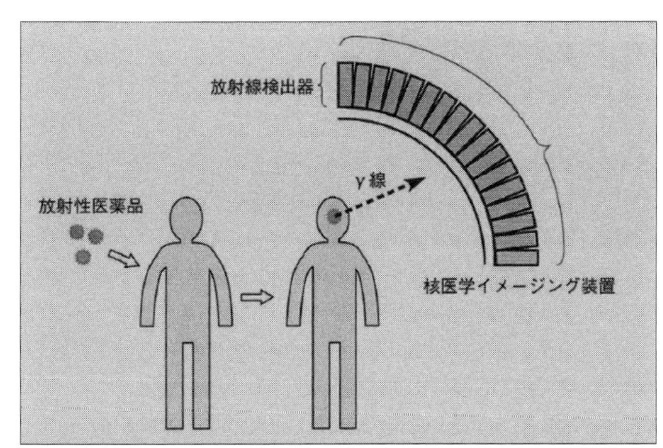

（出典）佐治英郎ほか『新放射化学・放射性医薬品学』改訂第4版、南江堂、2016年、p.170。

図5-1 放射性医薬品による核医学診断の原理

「形態」と「機能」の2つの画像情報を融合することで、診断の精度を格段に上げることができる。放射線を体外から検出するため、γ線などの透過性の高い放射線を発生するRIが用いられる。また、検査時の患者の被ばくを最小限にとどめるため、半減期が短く、体を透過する適度な強さ（エネルギー）を持つ放射線が利用されている。

PETとSPECTの違いを簡単に説明する。PETで用いるRIは180°反対方向に2本の消滅放射線を出す性質があり、それらを同時検出した2点を線で結び、さらにいくつかの線の交点を解析することでRIの体内での存在場所が特定しやすくなる。そのため、PETは検出感度がよく鮮明な画像が得られる。PET用RIは病院内サイクロトロンを設置するなど使いづらい面もあったが、近年完成品の検査薬として市場から供給されるものも増え、利便性が向上した。逆に、SPECT核種は取扱いが比較的容易であるが、1本のγ線だけを検出するため画像の鮮明さがPETよりも劣る。このように、両者にはそれぞれ一長一短があるものの、現代医療においてはともに欠くことのできない診断法となっており、様々な疾患に対する診断用放射性医薬品が開発されている。いずれの場合においても、特定の臓器や細胞に集積させる必要があり、化学構造に工夫を凝らした放射性医薬品が多数製造されている。

1.2　放射性医薬品の製造

放射性医薬品に用いられるRIは天然に存在しておらず、原子炉や加速器によって人工的に製造されている。原子炉を用いる場合、①発生する中性子を特定の元素（ターゲット核）に照射して核反応を起こす場合と、②核分裂生成物の精製によって製造する場合がある。加速器であるサイクロトロンは、荷電粒子をターゲット核に衝突させ核反応を引き起こす。小型のサイクロトロンは病院内にも設置され、半減期の短いPET核種の用時調製に用いられている。最近、PET検査で最も使用頻度の高い^{18}Fを含むフルオロデオキシグルコース（FDG）などの製造・販売が承認されたことで、国内の医療機関で幅広くPET検査が実施できるようになっている。

病院内でSPECT検査用のテクネチウム99m（^{99m}Tc）を使用する場合は、ジェ

一口メモ　核医学の働き者“テクネ”

医療現場でよく耳にする“テクネ”とは^{99m}Tcのことである。mはmetastableの略で、準安定状態を意味する。^{99}Moのベータ（β）壊変に伴って生成する^{99m}Tcは、原子核からのγ線放出が^{99}Moのβ壊変直後ではなく、半減期が6時間以上もある準安定状態となる。そのため、検査に必要なγ線だけを放出する^{99m}Tcを取り出すことが可能であり、ジェネレータ(2)と呼ばれる装置を用いて病院内で簡単に、繰り返し調製できる。この内部では、^{99}Moと^{99m}Tcが一定の割合で存在しているが、両元素の化学的な性質の違いを利用して^{99m}Tcだけを取り出すことが可能である。化学的に安定な7価の過テクネチウム酸イオン（$^{99m}TcO^{4-}$）であるが、塩化スズなどの還元剤を利用することで様々な構造の化合物と錯体を形成しやすく、この性質を利用したキット製剤が多数市販されている。日本アイソトープ協会よると2017年度に実施されたSPECT検査（放射能単位の流通量）のうち約6割に^{99m}Tcが応用されている。まさに、^{99m}Tcは最強のSPECT用RIといえる。

ネレータ(2)と呼ばれる装置を用いて調製（製造）する。

第2節　核医学検査の実際

核医学検査の強みは、臓器の機能が定量できる点であり、病気の診断や治療方針の決定のための有用な情報が提供される。検査対象の代表的なものは、脳、心臓およびがんであるが、それ以外にも甲状腺、肺、腎臓、骨、造血器などの機能診断が行われている。国内の核医学検査の実施数は年間180万件程度であり、ここ10年間大きな変化はない。そのうち、FDG検査薬などの汎用性の向上により、PET検査は75%増の約70万件と飛躍的に普及した。逆に、SPECT検査は漸減傾向にある。

2.1　脳機能の診断

脳梗塞などの虚血性脳疾患、脳出血、てんかん、認知症など、脳疾患の診断は医学的にもきわめて重要な課題である。これら疾患の診断においては、局所脳血流の測定が重要となる。そのために、エキサメタジムテクネチウム（^{99m}Tc-

HM-PAO）などを用いたSPECT検査が行われている。また、てんかん患者のてんかん焦点の診断のため、FDGを用いたPET検査が行われている。さらに、酸素15（^{15}O）標識の気体（酸素ガスなど）を用いたPET 検査により脳代謝に対して血流がどれくらい不足しているかを評価することで、脳梗塞発生の危険性やバイパス手術による脳血流改善の程度を正確に予測できる。

2.2 心機能の診断

心臓は全身に血液を送る役割を果たしており、ポンプである心臓の筋肉（心筋）にも血液が必要である。しかし、心筋に血液を送る冠動脈が狭くなることで狭心症や心筋梗塞が発症する。そのため、これらの虚血性心疾患の診断には、心筋へ流れる血液の量や心筋細胞の代謝能を描出することが有用である。血流量の測定には、テトロホスミンテクネチウム（^{99m}Tc-TF）やタリウム201（^{201}Tl）-塩化タリウムなどが用いられる。これらの検査は、安静時と運動負荷時の両方で行うことがある。安静時に心臓に検査薬が十分送られたにもかかわらず、負荷時に集まらなかった場合、冠動脈が狭くなることで負荷に耐えられない状況にあると判断できる。また、心筋梗塞で血流が低下した状態でも、15-(4-ヨードフェニル)-3(R,S)-メチルペンタデカン酸（^{123}I-BMIPP）や^{18}F-FDGを用いた脂肪酸や糖代謝能の検査により心筋細胞がまだ死んでいないことがわかれば、速やかな血流回復の措置が必要と診断することができる。

2.3 がんの診断

がん細胞は、正常細胞よりも3～8倍のブドウ糖（グルコース）を利用する。この性質は100年以上前にワールブルグ博士によって見出されており、ワールブルグ効果と呼ばれている。なぜ、このような性質を持っているのかが長年の謎であったが、近年、科学的根拠が明らかにされつつあり、この効果を利用したがんの診断・治療が期待されている。

がんの核医学診断は、この性質を利用している。グルコースの化学構造に類似したFDGを用いたPET検査が行われている（**図5-2**）。通常は、グルコースは

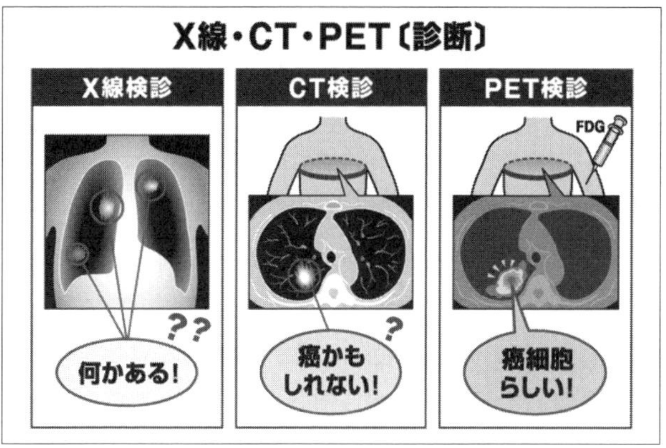

（出典）国立国際医療研究センター病院HP。
http://www.hosp.ncgm.go.jp/aboutus/message/index.html

図5-2　FDG-PET検査によるがんの検診

正常脳で大量に消費される。一方、普段集積しない臓器に大量集積があれば腫瘍の可能性がある。CT画像と重ね合わせることで、どこに腫瘍があるのかを正確に診断できる。また、がん診断ではガリウム67（^{67}Ga）-クエン酸ガリウムを用いたSPECT検査も実施されている。

第3節　治療用放射性医薬品

放射性医薬品を体内に投与して、放出される放射線のエネルギーを利用した治療が行われている。核医学検査の場合は、できるだけ被ばくを抑えるために透過性の高いγ線核種が用いられているが、治療用には飛程が短く組織内で放射線エネルギーが吸収されるアルファ（α）線やβ線核種が用いられている。そのため、RIを病巣に高度に集積させることが必要である。

その代表的なものとして、バセドー病などの甲状腺機能症や甲状腺がんの治療に使われているヨウ化ナトリウム（^{131}I）がある。体内に入ると甲状腺に集積するヨウ素の性質を利用したものであり、放出されたβ線が甲状腺機能を抑制する。

β線を放出する塩化ストロンチウム（^{89}Sr）は、抗がん作用ではなく、がんの骨転移部位の疼痛緩和のために用いられている。ストロンチウムはカルシウムと同族元素であり、骨に集積する性質を利用している。また最近、α線を放出する塩化ラジウム（^{223}Ra）が、骨転移を有する去勢抵抗性前立腺がんの治療薬“ゾーフィゴ”として開発された（図5-3）。α線の生物効果は極めて高く、暴露された細胞は大きな損傷を受けるため、正常細胞に作用すると極めて危険な核種である。しかし、体内ではα線が届く距離は 0.1 ミリ未満と短く、かつ、カルシウムと同族元素であるラジウムは骨転移巣に高い集積性を示すため、がん細胞に選択的に作用し、正常細胞への影響を最小限にとどめることができる。また、悪性リンパ腫の治療には、がん細胞上に発現しているCD20というたんぱく質に結合する抗体医薬品が用いられる。この抗体はリンパ腫細胞に集積する性質があることから、放射免疫療法を目指し、抗体にβ線を放出するイットリウム90（^{90}Y）をつけた製剤“ゼバリン”が開発されている。がんの放射線治療は、外科療法や薬物療法と並んで主要な治療法となっているが、その多くが体外から放射線を照射するものである。放射性医薬品を用いた治療は、RIをがん細胞まで直接送達して局所での放射線治療を行っていることになり、正常細胞への作用を極力小さくすることができる。

以上、診断・治療分野での核医学の利用は進んでいるが、日本ではCTの普及などによる医療被ばくが非常に多くなっており、核医学分野でもできる限り被ばく線量を低く抑える努力が必要である。

一口メモ　放射線防護剤

放射線による障害を「予防する」薬の開発は重要で、数多くの研究が行われてきたが、実用化された薬はまだない。興味あることに、お酒中のエタノール（実際に化学的にはOHラジカルの除去剤）やビール麦芽成分が効くとの話はある。食品中の意外なものに効果があるかもしれない。多くの自治体が安定ヨウ素剤の備蓄を行っているが、これは“放射性ヨウ素取り込み対策専用の薬剤”で、原発事故等が発生した場合に服用することで、放射性ヨウ素の甲状腺への取り込みを抑える効果がある。チェルノブイリ原子力発電所事故で小児甲状腺がんが頻発したのは、^{131}Iの大量摂取による甲状腺被ばくによるが、適切な時期にヨウ素剤が投与されていたら、防げたと思われる。

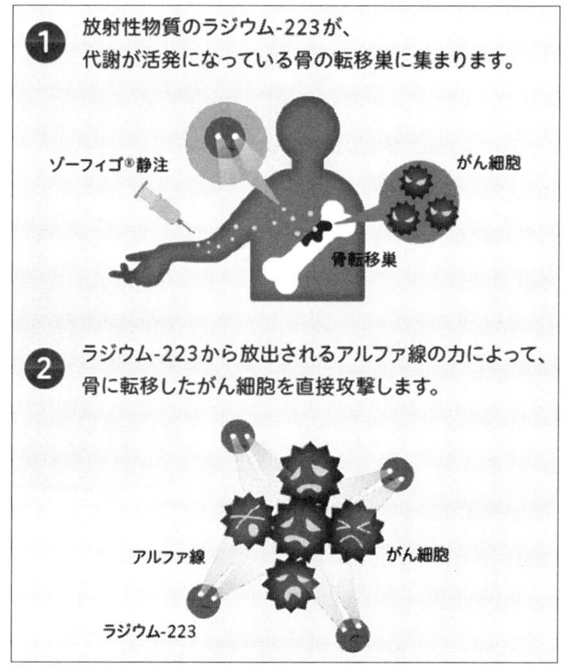

（出典）バイエル薬品株式会社HP。
https://www.xofigo.jp/ja/patients/about_xofigo/

図5-3　ラジウム-223による前立腺がんの骨転移の治療

第4節　放射性医薬品の供給不足

日本は唯一の被ばく国であり、かつ東京電力福島第一原子力発電所の事故も重なり、新たな原子炉の稼働には国民の理解が得られていないのが現状である。しかし、これまでに記載したように、放射性医薬品に使われている多くのRIを製造するためには原子炉が必要である。例えば、^{99m}Tcを利用するのに必要な^{99}Moは、^{235}Uの核分裂生成物から分離・精製される。我が国のテクネチウム製剤の消費量は、米国に次いで世界第2位（2018年の調査では、世界の流通量の14%を使用）であるが、原料である^{99}Moは100%輸入に依存している。実際は、主にカナダ、オランダ、ベルギー、フランス、南アフリカにある研究炉で製造されてきた。しかし、2007年のカナダ炉の計画外停止を皮切りに、^{99}Moの世界的供給不足が発生している（**表5-1**）。加えて、2015年と2016年にフランス炉とカナダ炉が生産終了となり、さらに他の生産炉も老朽化が進んでいる。供給不足はテクネチウムにとどまらず、同じく原子炉から調製される治療用放射性医薬品に使われる^{89}Srや^{223}Raにも及んでいる。

こうした状況を受けて、日本学術会議は2008年に「我が国における放射性同位元素の安定供給体制について」、2018年には「研究と産業に不可欠な中性子の供給と研究用原子炉の在り方」という提言をまとめている。また、内閣府も官民検討会を2011年に開催し、国産事業者が主体となり、原子力機構と協力しつつ具体的な事業化に関する検討を進め、5年程度でテクネチウム製剤の販売を始めるなどの国産事業を開始するとしたアクションプランを作成した。これらの検討の結果、2018年10月に一般社団法人日本医用アイソトープ開発準備機構（JAFMID）が設立されるに至り、既存の沸騰水型軽水炉（BWR）、今後建設が見込まれる研究用原子炉等を活用して^{99}Moを製造し、テクネチウム製剤の国産化を強力に推進するためのオールジャパンでの体制づくりが進めら

表5-1　最近のモリブデン原料に関する一連のトラブル

2007年12月－2008年1月	カナダNRU炉が計画外停止→製品欠品発生
2008年 8月－2009年4月	オランダHFR炉が計画外停止→製品欠品発生（Sr-89）
2009年 4月－2010年8月	カナダ炉が計画外停止→製品欠品発生（世界的供給不足が発生）
2010年 4月	アイスランド火山噴火による航路一時停止
2013年 4月	カナダNRU炉の製造量低下→製品欠品発生
2013年11月－2014年5月	オランダHFR炉が計画外停止 Mallinckrodt社及びNTP精製工場がトラブルによる停止→製品欠品発生
2014年 7月	南アフリカSAFARI-1炉が計画外停止→製品欠品発生
2017年11月－	南アフリカSAFARI-1炉が計画外停止
2018年 7月－	オーストラリアANSTO精製施設のトラブル等→製品欠品発生
2018年10月－	オランダHFR炉トラブルによる一時計画外停止→製品欠品発生

（出典）第43回原子力委員会（2018年12月11日）資料第2号「アイソトープ利用の現状と課題（日本アイソトープ協会作成）」。

れている。さらに、JAFMIDは同様の事業推進の枠組みを、他の医用アイソトープの開発にも応用していくことを長期的な目標としている。

第5節 アクティブラーニング

医用アイソトープの国産化に向けて動き出したが、現在の日本においては原子炉の稼働や新規建設に対して国民の理解を得るのは容易ではないと思われる。医療と原子力政策のバランスをどのように取るのか、今後に向けた討論が必要である。

富山大学の講義科目「富山から考える震災復興学」において、放射性医薬品の必要性を説明した後、今後の原子炉建設について小グループで討論をしてもらった。受講者は、理系と文系学部の1年生が主体の50名弱である。2018年度では、半数以上のグループが、たとえ医療に必要でも国内に原子炉を建設するのには反対とする意見であった。放射性医薬品の必要性を説いた直後にもかかわらず、このような傾向であったのは少し意外な感があった。また、原子炉建設に賛成派も、自身の生活圏内に建設するのには戸惑いを隠さなかった。2019年度においては、若干賛成派が増えた印象であったが、それでも各論を議論しはじめると多くの壁が立ちはだかっているように思えた。20歳前後の健康な学生には、病気の診断・治療というのがまだ自分のことと受け止められない点を差し引いたとしても、核や原子炉という言葉に対する恐怖感が日本人に根付いてしまっていることをあらためて痛感した。

このように、2008年以来10年以上の歳月をかけてようやく動き出した医用アイソトープの国産化であるが、まだまだ専門家の間での議論にとどまっているのが現状である。医療上必要であることから、総論としては賛成できても、いざ各論となると反対意見が多く出る可能性が高い。こうした世論が巻き起こることが予想されるが、国産化を実現するには避けて通るわけにはいかない。こうした現状を踏まえ、以下の課題について討論をしていただきたい。

課題1

医用アイソトープの国産化は、本当に必要か？

課題2

医用アイソトープ専用の原子炉の建設はできるか？

課題3

原子力発電所の再稼働問題と医用アイソトープ問題を混同しないで議論を進めることはできないか？

注

(1) 医薬品、医療機器等の品質、有効性及び安全性の確保等に関する法律（昭和35年8月10日法律第145号）。

(2) 比較的半減期の長い親核種の放射壊変によって生成した娘核種の半減期が親核種と比べて十分に短い場合、親核種の量に対応する娘核種が生成され両者の放射能は平衡状態に達する。この平衡時に、親核種と娘核種の化学的性質の違いを利用して、親核種から娘核種を単離し、娘核種のみを利用するための装置をジェネレータ（アイソトープジェネレータあるいはカウ（ミルクを出す雌牛）とも称す）という。娘核種の単離後、一定の時間が経過すると再び親核種と娘核種が平衡状態となるため、繰り返し娘核種の調製が可能となる。この方法は、牛の乳しぼりに似ていることから、ミルキングと呼ばれている。

参考文献

佐治英郎ほか『新放射化学・放射性医薬品学』改訂第4版、南江堂、2016年。

第43回原子力委員会資料第2号「アイソトープ利用の現状と課題（日本アイソトープ協会作成）」2018年。

日本医用アイソトープ開発準備機構HP。https://www.jafmid.or.jp/

第6章

原子力発電の仕組みと福島第一原子力発電所事故

波多野　雄治

第1節　はじめに

2011年3月に東北地方太平洋沖地震が発生し、被災した東京電力福島第一原子力発電所から放射性物質が環境中に放出され、近隣市町村の多くの住民が避難を強いられるに至った。この事故は社会に大きな衝撃を与えると共に、二酸化炭素を放出しない大規模エネルギー源として電力の安定供給に貢献している原子力に大きな課題を突き付けることとなった。事故後、新たに創設された原子力規制委員会により原子炉等の設計を審査するための新しい基準（新規制基準）[(1)]が作成され、より厳格になった安全基準に適合するよう安全設備の向上が図られた原子力発電所の一部が、原子力規制委員会の審査を経て再稼働している。一方で、再稼働に反対する声もあり、訴訟に発展しているケースもある。エネルギー源に関する議論は、今後長期間消費者であり続ける若い世代の参加のもとに進められるべきであるが、専門外の学生にも理解できるような資料は比較的少ない。

そこで本章では、文系の学生にも理解してもらえることを目指し、原子力発電の仕組みと、福島第一原子力発電所事故の経緯を解説することとした。また、事故後に取られた安全対策についても述べる。なお、わかりやすさを優先したため、説明には大幅に簡略化した部分もあることをご承知おきいただきたい。詳細な知識を得たい読者のため、章末に参考文献を記した。

第2節 原子力発電の仕組み

2.1 核分裂と原子燃料

日本の原子力発電所では、固体状のウラン酸化物を燃料として用いている。ウラン（U）原子1つと、酸素（O）原子2つが結合した二酸化ウラン（UO_2）の粉末を、陶磁器を焼くように焼き固め、直径1cm、高さ1cm程度の円柱状に成形したもので、これを燃料ペレットと呼ぶ（**図6-1**）。

ウランは地球上に天然に存在することが確認されている元素の中で、最も大きな原子番号と質量数（陽子数と中性子数を合わせた数で、原子1つ当たりの重さに相当）を持つ。陽子数および電子数に等しい原子番号は92であり、おもな同位体として質量数が235のもの（^{235}U、約0.7%）と、238のもの（^{238}U、約99.3%）が存在する。このうち核分裂するのは^{235}Uのみである。^{235}Uの同位体存在比が天然での値（約0.7%）のままでは低すぎて核分裂を効率よく起こすことができないので、原子燃料として用いる場合には^{235}Uの濃度が3～5%となるよう同位体濃縮を行う。このように^{235}Uの濃度が天然濃度より高いものを「濃縮ウラン」、逆に低くなったものを「劣化ウラン」と呼ぶ。一方で、核兵器を作るためには、^{235}Uを90%程度以上に濃縮する必要がある。同位体濃縮は巨大な設備と多額のコストを必要とするので、国家レベルの組織力がなければ90%程度以上の濃度に^{235}Uを濃縮することは困難である。従って、濃縮度が3～5%の原子炉用燃料がたとえ盗難にあったとしても、それが核兵器に転用されるリスクは低い。

^{235}Uの核分裂を引き起こすには、中性子と反応させる必要がある（**図6-2**）。速度が遅い中性子が^{235}Uの原子核に衝突すると、質量数が95前後の原子核と、質量数が140前後の原子核に核分裂すると共に、速度が速い中性子が2～3個放出される。このとき生成される質量数が95前後と140前後の物質は核分裂生成物と呼ばれ、どのような物質ができるかは確率によって決まり**図6-3**のよ

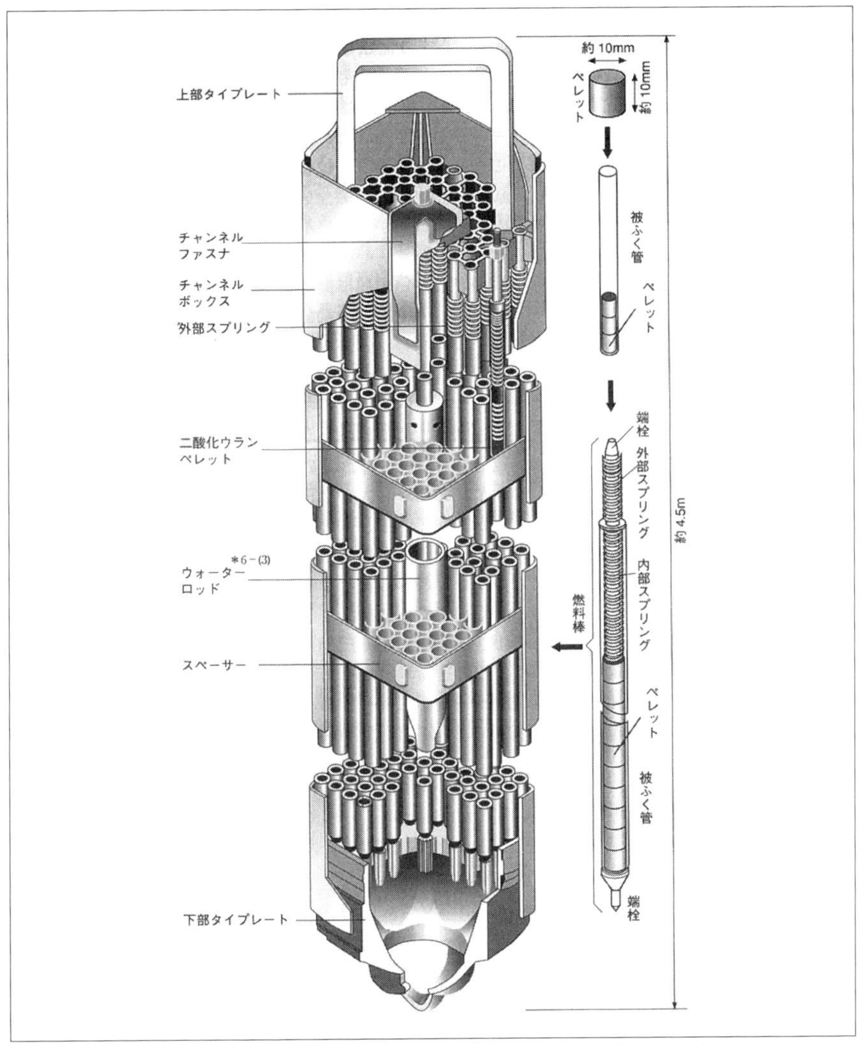

（出典）日本原子力学会編『原子力がひらく世紀　改訂版』日本原子力学会、2004年、p.155。

図6-1　燃料棒および燃料集合体の構造

うな分布をとる。反応後の物質の質量の総和は、反応前の値と比べ小さくなっており（質量欠損）、この差がエネルギーとして放出される。アインシュタイン（Albert Einstein、1879-1955）の研究成果により、生じるエネルギーEと質量差

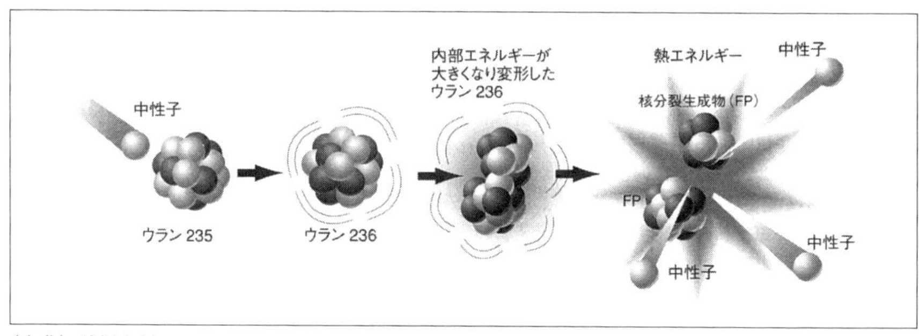

（出典）前掲資料、p.156。

図6-2　^{235}Uの核分裂

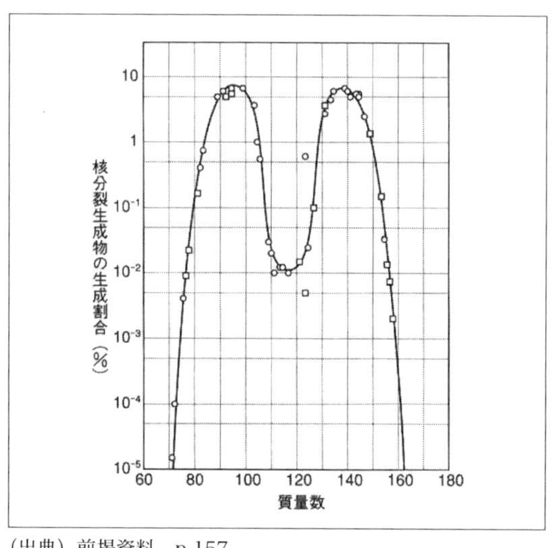

（出典）前掲資料、p.157。

図6-3　^{235}Uの核分裂生成物の質量数と生成割合

Δmの間には以下の関係があることがわかっている。

$$E = \Delta mc^2$$

ここで、cは真空中の光速である。約110gの質量欠損で、日本における1日分の電力消費にほぼ等しいエネルギーが得られる。具体的な核分裂反応の例としては、以下のようなものがある。

$$^{235}U + {}^{1}n\ (中性子) \rightarrow {}^{137}Cs\ (セシウム) + {}^{96}Rb\ (ルビジウム) + 3\ {}^{1}n$$

この式は、^{235}U原子と1つの中性子が反応することにより、セシウム137（^{137}Cs）とルビジウム96（^{96}Rb）の原子および3つの中性子が生成することを示している。核分裂反応で発生した中性子が別の^{235}Uの原子核と衝突して次の核分裂を引き起こす、という反応を連鎖反応と呼ぶ。連鎖反応が連続して起こっている状態を臨界状態という。核分裂を引き起こすには中性子の速度が小さい方が有利だが、核分裂で生じた直後の中性子は大きな速度を持つので、連鎖反応を効率よく起こすためには核分裂中性子の速度を数千分の1に減少させる必要がある。この減速過程については次節で述べる。

ウランはアルファ（α）壊変する放射性物質ではあるが、半減期が45億年程度と極めて長いため、その放射能は弱い。原子炉で使用する前、すなわち核分裂する前の原子燃料に人が触れたとしても、放射線障害が発生することはない。一方で、核分裂生成物の一部が強い放射能を持つため、原子炉で使用したのちの燃料、すなわち核分裂反応させた燃料は、人の生活環境から厳重に隔離される必要がある。事故によりこの核分裂生成物が環境に漏れ出すと、放射線被ばくを引き起こす。実際に、福島第一原子力発電所の周辺では、上式に含まれる^{137}Cs等による被ばくが問題となっている。

2.2 原子力発電所の構造

先述の燃料ペレットを長さ4m程度の金属製の中空管に詰めたものを燃料棒と呼び、これを数百本束ねたものを燃料集合体と呼ぶ（**図6-1**）。燃料を内包する中空管は燃料被覆管と呼ばれ、ジルコニウム（Zr）を主成分とする合金でできている。原子力発電所の構造を**図6-4**に示す。原子炉本体（圧力容器）は高い内圧に耐えられる鋼鉄製であり、その内部は水で満たされている。核分裂によって生じるエネルギーにより燃料が発熱し、その熱が水に伝えられることで高温・高圧の蒸気を発生する。蒸気の圧力を利用してタービン（風車）とそれ

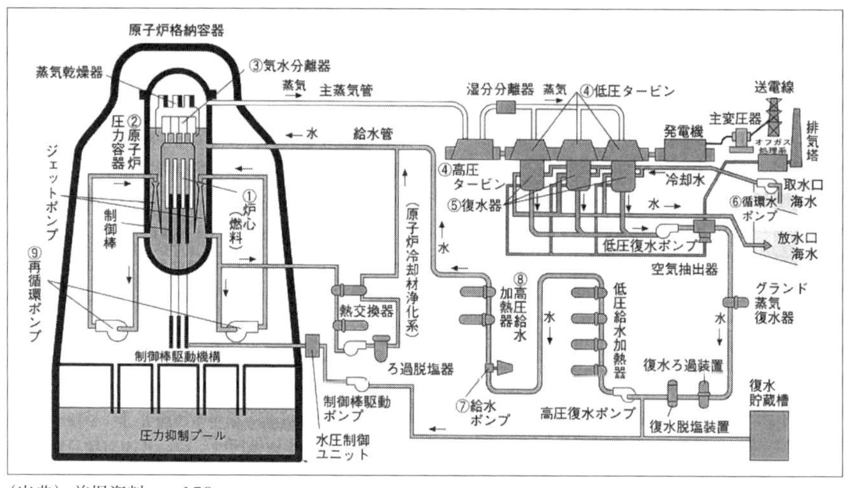

（出典）前掲資料、p.153。

図6-4　原子力発電所の構造（沸騰水型）

に連結されている発電機を回転させることで発電する。水の温度が上昇するほど、その表面の水蒸気圧は増大する。原子炉内はおよそ300℃、100気圧程度の条件となっている（原子炉の型式により違いがあるが、詳細は省略する）。原子炉圧力容器は、さらに格納容器および原子炉建屋に覆われている。

核分裂で発生した高速の中性子は、燃料と燃料被覆管をすり抜けて水中へ移行し、水分子を構成する水素と衝突することで徐々に速度を落としていく（先述の減速）。十分速度が低下した中性子が再び被覆管を通り抜けて燃料内に戻ると、次の核分裂が引き起こされる（**図6-5**）。すなわち、連鎖反応を維持するには中性子を減速するための水と、中性子が出入りしやすい被覆管が必須である。工業的利用例が少ないジルコニウム合金があえて燃料被覆管に用いられるのは、他の金属と比べて中性子を吸収しにくいためである。

逆に、燃料棒と燃料棒の間に中性子を吸収しやすい物質を挿入すると、連鎖反応を止めることができる。この役割を担うのが制御棒である（**図6-4**、**図6-5**）。制御棒はホウ素やハフニウムなど中性子を吸収しやすい物質で構成されており、これを挿入すると原子炉が停止し、引き抜くと出力が上昇する。地震などの異常が発生すると、制御棒が一斉に挿入され、原子炉は緊急停止する。

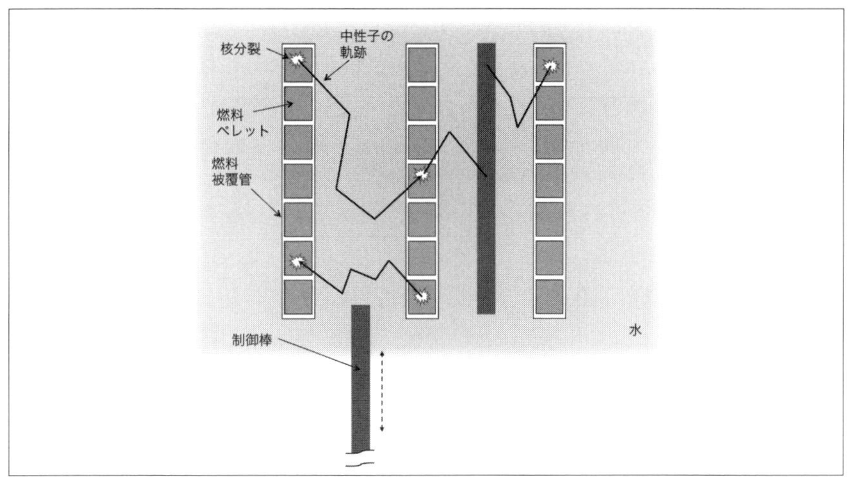

（注）著者作成。

図6-5　高速中性子の減速と制御棒による出力制御の原理

核分裂で発生する放射性物質の大部分は、燃料ペレットの中に留まっており、一部の揮発性のものがペレットから染み出し、ペレットと被覆管内壁との隙間に滞留する。したがって、燃料被覆管が破損することがなければ、放射性物質が漏洩することはない。逆に燃料が溶融等により破損すると、放射性物質が水へ移行し、さらに外部へ放出されるリスクが高まる。つまり、燃料棒の健全性を保つことが、放射性物質の漏洩を防ぐために極めて重要である。原子炉の事故に関する報道等で「炉心が溶融した」などの表現が用いられるが、これは何らかの原因で燃料棒が異常に加熱され溶融することを指す。燃料集合体は圧力容器、格納容器、原子炉建屋に三重に覆われているので、燃料が溶融したからといって直ちに放射性物質が外部へ放出されるわけではない。一方で、福島第一原子力発電所事故では、これらの防護壁にも破損が生じ放射性物質の漏洩に至った。

なお、燃料を使用し続けると^{235}U原子の数が少しずつ減少していくので、燃料集合体ごと数年間で取り換えることとなる。原子炉から取り出された使用済み燃料は、核分裂生成物が蓄積することにより強い放射能を有している。使用済み燃料は原子炉建屋内の貯蔵用水プールで一時保管されたのち、青森県上北郡六ヶ所村にある日本原燃株式会社の再処理工場に送られ、燃え残りのウランやプルトニウムなどの有用な物質と放射性廃棄物に分離される。ウランやプルトニウムは原子燃料として再利用される。放射性廃棄物は飛散、漏洩を防ぐためガラスと混ぜて固体化したのち（ガラス固化体）、金属製の容器に詰められ保管される。

第3節　福島第一原子力発電所事故

東北地方太平洋沖地震に伴い、福島第一原子力発電所の6基の原子炉のうち、4基で事故が生じた。福島第一原子力発電所事故の以前にも米国スリーマイル島原子力発電所で1979年に炉心溶融事故が、旧ソビエト連邦のチェルノブイリ原子力発電所で1986年に爆発事故が起こっている[(2)]。飛散した放射性物質の量や急性放射線障害の発生件数は、チェルノブイリ原子力発電所事故の方が福島第一原子力発電所と比べはるかに大きい。一方で、福島第一原子力発電所事故には以下のような特徴がある。

・原子力発電所のみならず、地震によりその周囲のインフラも損壊した。
・複数の原子炉が同時に事故に見舞われた。

事故の詳細は参考文献[(3)]に譲り、ここでは概略のみを述べる。

地震が発生した時点で、福島第一原子力発電所のすべての原子炉に制御棒が挿入され、核分裂は停止した。問題は、この後生じた。

しばらく運転をした原子炉は、核分裂を停止しても、既に燃料棒内に溜まっている核分裂生成物からの放射線のエネルギーで発熱を続ける。この熱は崩壊熱と呼ばれ、通常運転時の出力の1〜0.1％程度に相当する。この熱を除去しなければ、燃料棒の温度が上がりすぎ炉心溶融に至る。燃料棒から熱を除去するにはポンプを動かして水を循環させなければならず（**図6-4**参照）、そのための電力が必要である。福島第一原子力発電所ではすべての原子炉が一斉に停止したため、互いに電力を融通し合うこともできなくなった。また、通常時では送電線を逆走させて他の発電所から電力をもらうこともできるが、地震により送電網が損壊したため、それも不可能となり、残る手段は発電所内のディーゼル発電機とバッテリーのみとなった。

ディーゼル発電機は予定通り稼働したが、地震に次いで起こった津波により制御盤が海水の影響を受けたことなどで止まってしまい、バッテリーによる駆動となった。バッテリーが切れる前に電力供給を再開すべく発電機を積載した車両（電源車）等が手配されたが間に合わず、電源喪失に至った。

冷却ができなくなり燃料の温度が上昇し続けると、燃料棒が溶融し放射性物質が水へ混入すると共に、原子炉内の水蒸気の圧力が増加した。水蒸気圧が格納容器の耐圧を超えると容器が爆発するリスクがあるので（水蒸気爆発）、水蒸気を外部へ排出する作業（ベント）がなされた。このとき、放射性物質の一部が環境中へ放出された。

また、水や水蒸気と燃料被覆管の材料であるジルコニウム合金が反応することで水素ガス（H_2）が発生し、1号機、2号機、4号機で水素爆発が起こった。これにより原子炉建屋の上部が大破し、大量の放射性物質が環境中へ放出された。水分子は水素（H）と酸素（O）から構成されるが、ジルコニウム（Zr）は酸素と強い化学結合を形成する元素であり、水から酸素を奪い、水素を遊離させる。

$$Zr + 2H_2O \rightarrow ZrO_2 + 2H_2 + Q$$

Qは化学反応で発生する熱量（エネルギー量）を示す。この反応は発熱反応であり、反応が進行すると温度が上昇し、さらに反応速度が増大する、という負のスパイラルが生じる。圧力容器中で発生した水素は配管の継ぎ目や破損部等を通って漏れ出し、原子炉建屋の天井付近に蓄積した（水素ガスは窒素や酸素より軽いので上部へ移動する）。この水素が何らかのきっかけで空気中の酸素と急激に反応し（次式）、大量のエネルギーが一気に生成することで水素爆発に至った。

$$2H_2 + O_2 \rightarrow 2H_2O + Q'$$

溶融した燃料の一部は圧力容器の底を突き抜け、格納容器や建屋を構成する材料を巻き込んで冷え固まった「燃料デブリ」と呼ばれる状態になっている[(4)]。燃料デブリは高線量の放射線を放出しており、今後数十年をかけてこれを安全

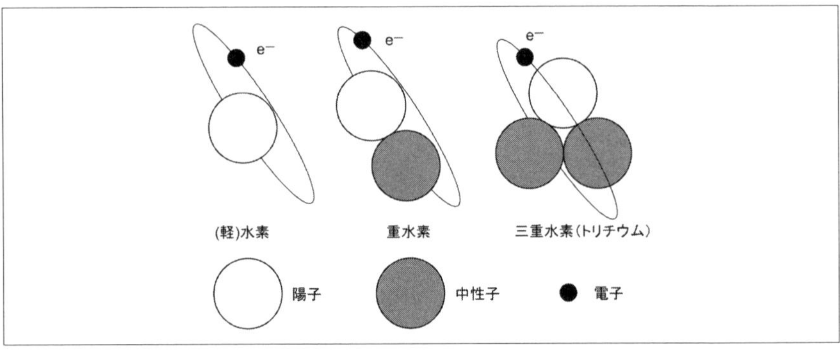

(注) 著者作成。

図6-6　水素同位体

な状態に処理することとなる。また、水素爆発で建屋上部が損壊した原子炉では、貯蔵プールに保管されていた使用済み燃料を安全な場所に移すことが急務となっている。2020年2月現在、4号機では使用済み燃料の取り出しが完了すると共に、3号機で取り出し作業が進められている。1号機では準備作業が行われている(5)。

なお、原子炉建屋の破損個所から地下水が流入し、核分裂生成物で汚染された原子炉内の水と混ざり合うことで大量の汚染水が形成され、その処分が問題となっている。セシウムやストロンチウムなどほとんどの核分裂生成物については、沈殿や吸着などの操作による浄化処理がなされ、その濃度は法令で決められた排水基準値以下となっている(6)。しかし、水素の放射性同位体であるトリチウム（三重水素）のみが除去できず、そのために浄化処理後においても排水できない、すなわち福島第一原子力発電所敷地内に貯め続けなければならない状況となっている。

自然界にある水素の大半は陽子1つからなる原子核を有する「軽」水素である（**図6-6**）。また、100ppm程度の濃度で陽子1つと中性子1つからなる原子核を持つ重水素が存在する。これらは安定同位体である。一方で、2つの中性子を有するトリチウムは、低エネルギーのベータ（β）線を放出する放射性同位体である。自然界では宇宙からの放射線（中性子）と大気中の窒素の核反応等で生成されており、原子炉中では3体核分裂等で生じる。2.1項で、核分裂により質量数が95前後と140前後の核分裂性生成物が生じると述べたが、1000回のうち数回程度の確率で、2つではなく、3つの原子に分かれる3体核分裂が生じる。トリチウムはこの3つ目の原子として生成される。水素の同位体であるトリチウム（T）は水分子H_2O中のHと置換しHTO分子（重い水分子）として水中に混入するため、沈殿や吸着などの操作では分離できず、排水の妨げとなっている。トリチウムは皮膚の表層で遮へいされてしまうぐらいエネルギーが低いβ線しか放出しないので、大量に体内に取り込まない限り放射線被ばくが問題となることはない。また、トリチウム水を体内に取り込んだ場合の生物学的半減期（汗や尿として排出されることによる半減期）は10日程度である。今後、このようなトリチウムの放射性核種としての特徴や社会的因子等を考慮して処分方法が議論されるであろう。

第4節　新規制基準

福島第一原子力発電所事故を受け、それまで原子力の利用推進と規制の双方を担当していた経済産業省から安全規制部門を分離するため、環境省の外局として原子力規制委員会が設置された。同委員会は原子炉等の設計を審査するための新しい基準（新規制基準）[7]を作成し、各電力会社に安全対策の強化を求めた。具体例としては、以下のようなものがある。

・地震・津波の想定手法の見直し
・津波浸水対策の導入
・所内電源・電源盤の多重化・分散配置
・建屋等の水素爆発防止対策の導入
・緊急時対策所

他にも多くの要求事項がある。

東日本大震災前には日本では54基の商業用原子炉が稼働し電力の約3割を供給していたが[8]、震災後にすべての原子炉が定期点検等をきっかけに一旦停止した。上述の安全対策強化には当然のことながら経費がかかる。古い原子炉は今後発電できる年数が少ないため、安全設備増強のために多額の投資をしても回収できる可能性は低く、福島第一原子力発電所を含む4割程度の原子炉を再稼働させることなく廃炉とすることが決定された（2020年2月時点）。一方で、約半数の原子炉には新規制基準に対応する安全対策の強化が施され、原子力規制委員会による審査に付された。2020年2月時点で15基に許可が出され、9基が再稼働している[(9)]。

政府のエネルギー基本計画[(10)]では「東京電力福島第一原子力発電所事故を経験した我が国としては、2030年のエネルギーミックスの実現、2050年のエネルギー選択に際して、原子力については安全を最優先し、再生可能エネルギーの拡大を図る中で、可能な限り原発依存度を低減する」と記されている。また、環境面では、二酸化炭素排出量の削減が必要なこと、再生可能エネルギーの開発に時間を要すること、化石燃料依存度も低減する必要があることなどから、2030年に実現を目指す原子力の電源構成比は20～22％とされており、原子力の必要性も示されている。今後、将来の電源構成比率について議論されるであろうが、その中で若い世代の意見が活発に表明されることを期待する。本章が少しでもその役に立つことができれば幸いである。

第5節 アクティブラーニング

アクティブラーニング課題については、以下のことが考えられる。

(1) 福島第一原子力発電所事故に関連し、以下のことについてまとめてみよう。
  (a) 原子力発電所において、放射性物質は主にどこに存在しているか？
  (b) なぜ原子力発電所は停止中にも電源を必要とするのか？
  (c) どのようにして放射性物質が原子炉外へ放出されたか？
(2) 新規制基準を一読の上、このような規制で社会からの理解が得られるかどうか、不足があるとしたらどのような点か、議論してみよう。
(3) 福島第一原子力発電所事故に関連して、例えば検査により放射能汚染がないことが確認されている農産物でも売り上げが減少するなどの風評被害が発生した。風評被害を防ぐための対策としてどのようなものがあるか、生産者、地元自治体職員、政府職員等になったつもりで考えてみよう。

注

(1) 原子力規制委員会ホームページ。https://www.nsr.go.jp/activity/regulation/tekigousei.html（アクセス確認2020年2月20日）

(2) 日本原子力学会編『原子力がひらく世紀、改訂版』日本原子力学会、2004年、p.155。

(3) 日本原子力学会編『原子力のいまと明日』丸善、2019年。
日本原子力学会東京電力福島第一原子力発電所事故に関する調査委員会「福島第一原子力発電所事故その全貌と明日に向けた提言：学会事故調 最終報告書」丸善、2014年。

(4) 資源エネルギー庁ホームページ「福島第一原発「燃料デブリ」取り出しへの挑戦①～燃料デブリとは？」。https://www.enecho.meti.go.jp/about/special/johoteikyo/debris_1.html （アクセス確認2020年2月20日）

(5) 前掲（4）と同じ。

(6) 経済産業省「廃炉・汚染水対策 ポータルサイト」。https://www.meti.go.jp/earthquake/nuclear/hairo_osensui/index.html（アクセス確認2020年2月20日）

(7) 原子力規制委員会ホームページ。https://www.nsr.go.jp/activity/regulation/tekigousei.html（アクセス確認2020年2月20日）

(8) 日本原子力学会編『原子力のいまと明日』丸善、2019年。

(9) 資源エネルギー庁ホームページ「原子力政策について」。 https://www.enecho.meti.go.jp/category/electricity_and_gas/nuclear/001/（アクセス確認2020年2月20日）

(10) 資源エネルギー庁ホームページ「エネルギー基本計画について 」。https://www.enecho.meti.go.jp/category/others/basic_plan/（アクセス確認2020年2月20日）

第 II 部

震災と復興

第7章

環境と経済の持続可能性

新里　泰孝

第1節　はじめに

東日本大震災のような大きな災害は、自然および経済に対する影響がその地域にとどまらず、日本全体あるいは世界に影響を及ぼす。本章では、まず第2節において、生態系（生態学）と経済（経済学）の関係についての3つの基本的見方を紹介する。そして、環境についての負荷（帰属環境費用）を考慮した経済計算である環境・経済総合勘定（SEEA）の概念を説明する。これは環境と経済の持続可能性を経済計算として把握するものである。第3節では、富山県についてのSEEAの推計を紹介する。第4節では、SEEAの歴史と課題を述べる。また、原子力発電に関する環境費用に関して、発電コストにかかわる事項を考える。第5節では、持続性を重視した経済社会活動として、ソーシャル・エコノミーの実践的活動の一例を紹介する[(1)]。最後の節では、本章の内容を踏まえたレポート課題を紹介する。

第2節　環境と経済の関係

ハーマン・E・デイリー（Herman.E.Daly）／ジョシュア・ファーレイ（Joshua

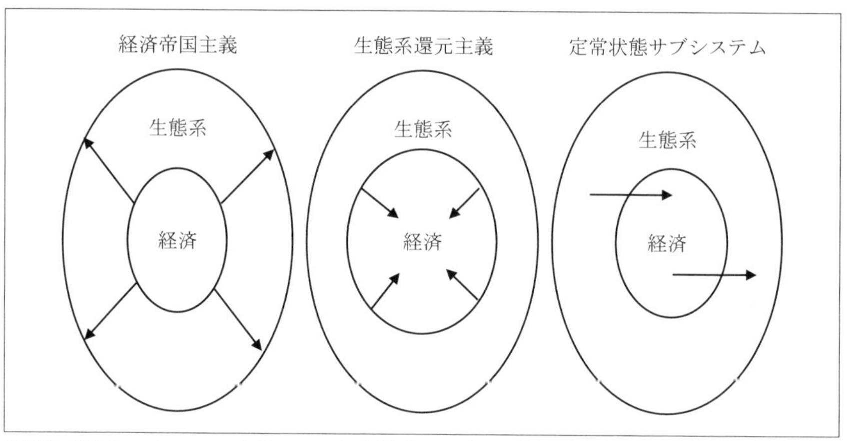

（出典）デイリー／ファーレイ『エコロジー経済学――原理と応用』NTT出版、p.50、2014年。

図7-1　生態学と経済学の統合に向けた3つの戦略

Farley）（佐藤正弘訳『エコロジー経済学――原理と応用』NTT出版、2014年）によれば、生態系（生態学）と経済（経済学）の関係について、**図7-1**のように、基本的に3つの戦略（見方）、(1) 経済帝国主義、(2) 生態系還元主義、(3) 定常状態サブシステムがある。「経済帝国主義は、経済が生態系全体を満たすまで経済の境界を拡大していこうとする」(p.50)。「全ての手段を配分するための最も効率的なメカニズムは市場であるという仮定である」(p.52)。いわゆる経済成長至上主義である。「生態還元主義は、……人間の行動は全て自然の法則によって説明ができるという推論に進んでしまう。この見方によると、エネルギー・フローも内在するエネルギー・コストも市場の相対価格も、全ては力学的なシステムにより説明され、そこに目的や意志は入る余地がない」(p.53)。これは反成長主義である。「この戦略（定常状態サブシステム）は、人間のサブシステムには最適規模があること、生態系を維持し経済サブシステムを補充するスループット（一定時間の処理能力）は生態学的に持続可能でなければならないことを訴える。……市場が資源配分の最も効率的な手段として機能する部分と不適切な部分に経済サブシステムを分ける」(p.55)。これは、生態系と経済の持続性を目指す環境・経済持続主義と言えよう。

さて、1年間において、新たに生産された生産活動の貨幣価値を経済全体について集計したものがGDP（国内総生産）である。新たに生産された生産活動は付加価値と呼ばれる。それは産出（売上）から中間投入（原材料など）を引いた金額である。生産を行うと工場の機械などの資本設備が減耗する。その減耗（壊れた部分）を補填しないと翌年の生産能力が低下する。GDPから資本減耗を差し引いたものがNDP（国内純生産）である。

経済活動は環境・自然に対して負荷（マイナスの影響）を与える。これを見積もった金額が帰属環境費用である。例えば、自動車は二酸化炭素を排出し、自然環境を悪化させ、健康を害することがある。逆に、環境・自然が経済活動にサービス（プラスの影響）を与えることもある。例えば、山や森林は酸素を発生し、また、その景観は人々に憩いを与える(2)。環境から経済へのマイナスの影響もある。例えば、地震や津波、水害、台風、異常気象、温暖化等である。環境・自然への負荷（マイナス面）とサービス（プラス面）の金額をNDPから差し引くことで、資本ストックと地球環境ストック（自然資産）を維持して環境と経済を持続可能とする生産額（＝最大消費可能水準）を計算したものが環境・経済統合勘定（SEEA、System of the integrated Environmental Economic Accounting）である。SEEAを求める計算は、整理すると次のようになる。

・GDP（国内総生産）＝付加価値＝総産出－中間投入（原材料）

・NDP（国内純生産）＝GDP－資本減耗

・SEEA＝NDP＋環境からのサービス－環境への負荷

経済と環境（自然）との相互関係をマトリックスで表すと、**表7-1**のようになる。自然の再生とは自然が持っている自己維持・保全の力である。

環境への負荷を経済計算したものを帰属環境費用（自然資産の減耗額）と呼ぶ。本来、「帰属」とは実際には支払われていないが費用として計上すべきものと

表7-1　環境／経済マトリックス

	経済	環境・自然
経済	経済活動 （GDP、NDP）	環境への負荷 （帰属環境費用）
環境・自然	環境からのサービス	自然の再生

（出典）福岡工業大学桂木ゼミ（環境経済学）の案内板。2004年桂木健次作成。

の意味で用いられるが、ここでは、実際に支払われた環境対策費（汚染物除去費用等）を含むものとする。GDPにはCO_2対策費やごみ焼却費が含まれている。これは環境への負荷に対して実際に支払われた費用である。

具体的に見ておこう。国連の帰属環境費用（2008年までの分類）[(3)]では、自然資産の使用形態等に応じて4つに分類される。

①廃物の排出

・大気汚染（硫黄酸化物：SOｘ、窒素酸化物：NOｘ）

・水質汚濁（生物化学的酸素要求量：BOD、化学的酸素要求量：COD、窒素：N、燐：P）

②土地・森林等の利用

・土地開発

・森林伐採

③資源の枯渇

・地下資源の枯渇（石炭、石灰石、亜鉛）

④地球環境への影響

・二酸化炭素の排出による地球温暖化

さらに、経済企画庁（現内閣府）は自然資産の復元活動はプラスの帰属環境費用を生むと考え、

⑤自然資産の復元

・汚濁河川等の浚渫（しゅんせつ）、導水事業

・農用地土壌汚染改良事業

の活動を対象に含め、1998年に1970年から1995年までのSEEAを試算した。1990年のNDP（366.9兆円）に対しSEEA（環境調整済国内純生産）を362.7兆円と算出した[(4)]。

第3節 富山県のSEEA

富山大学の研究グループ（青木・桂木・増田）は1997年に、日本で初めて県レベルのSEEAを作成した[(5)]。この研究では1985年度と1990年度のSEEAが試算された（**図7-2**）。1990年度の県内純生産は3兆4千億円で、1985年から5

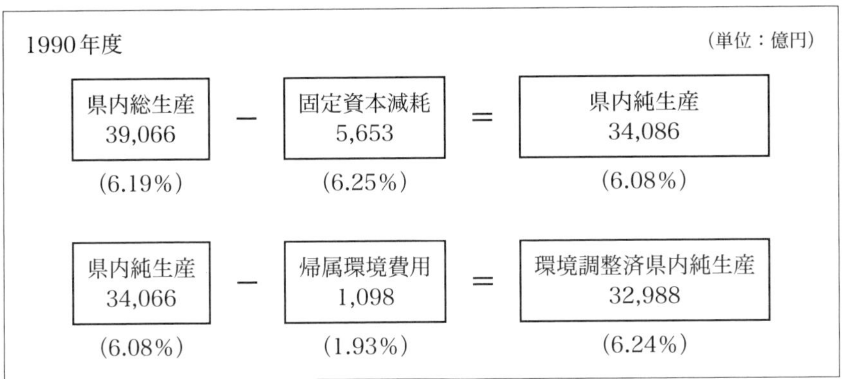

(注)(　) 内は1985年度から1990年度への年平均伸び率（%）を示す。
(出典) 青木卓志・桂木健次・増田信彦「地域における環境・経済統合勘定——富山県の場合」『研究年報』(富山大学日本海研究所) 第XXⅡ巻、p.12、1997年。

図7-2　1990年度の富山県SEEA

年間の成長率は平均年6.08%であった。環境調整済県内純生産は3兆3千億円(1千億円が帰属環境費用で、純生産の3%) で、5年間の平均成長率は年率6.24%である。これは、県内純生産を若干上回っている。

第4節　SEEAの歴史と課題

SEEAは国連の環境・開発に関する世界委員会の研究から始まった。1987年から2012年までの歴史を**表7-2**にまとめた。経済活動と環境負荷の相互関係をより的確に把握し、環境と経済の持続可能政策の立案・分析のための基礎を与える目的で、SEEAの開発が着手された。1993年にはSEEA環境費用並びに環境・経済統合の勘定が発表された。2007年にはSEEAに地球温暖化対応の費用計算を行った。ただし、放射能は含まれていない。

現在のSEEAの大きな課題は、放射能の帰属環境費用の算出が必要なことである。世界各地に原子力発電所が建設されている。しかし、国民経済や地域における各種データの入手困難や、データそのものの欠落の取り扱いなどの課題が山積している。

原子力発電に関する帰属環境費用を算出するに当たって、原子力発電コストに関わる事柄を**図7-3**で考えてみよう。従来の発電コストは、会社にとっての費用（＝燃料費＋建設費＋運転維持費）である。しかし、消費者が電気に支払う（負担する）コストには、間接的費用である、公的資金（立地交付金、研究開発）、安全対策費（津波・地震対策）、宣伝広告費・営業費、電力会社の自治体への寄付金が含まれる。また、消費者と電力会社にまたがる費用として、放射性廃棄物処理費用、系統費用（送配電）、廃炉費用がある。さらに、事業外費用として、地域経済、地球環境（気候変動、大気汚染、自然環境破壊）、事故リスク、損害賠償、雇用などがある。これらの費用は不確定、不確実で、計算が困難な点があり、算出方法はまだ確定していない。

表7-2　SEEAの歴史

年	経緯
1987	ブルントラント委員会の報告書『地球の未来を守るために』（国連環境と開発に関する世界委員会）
1992	「アジェンダ21：持続可能な開発に関する行動計画」（UN、1992）に含まれる国連環境開発会議「地球サミット」勧告
1993	国連統計部(UNSD)が「国民経済計算ハンドブック：環境・経済統合勘定」（UN、1993）（通常「SEEA」と呼ばれる）を発表
1994	環境勘定に関するロンドングループは、国連統計委員会（UNSC）主導のもと、実務家が環境・経済勘定の開発・実施に関する経験を共有する場を提供するために設置
2000	「国民経済計算ハンドブック：環境・経済統合勘定―作成マニュアル」（UN、2000）は、ナイロビグループ（1995年に設置された国家・国際機関・非政府組織の専門家グループ）が作成した資料に基づき、UNSDと国連環境計画（UNEP）により刊行物として発表
2003	「国民経済計算：環境・経済統合ハンドブック（2003年改訂版）」（SEEA-2003）公表
2007	国連統計委員会は、2007年2月の第38回会議において、5年以内にSEEAを環境・経済統合勘定の国際環境基準として採択することを目的として第2次改訂プロセスを開始することに合意
2012	国連統計委員会は、第43回会議において、国際統計基準としてSEEA-CFを採択

（出典）茂野正史「環境経済勘定中心的枠組のあらまし」『季刊国民経済計算』No.154、p.90、2014年。

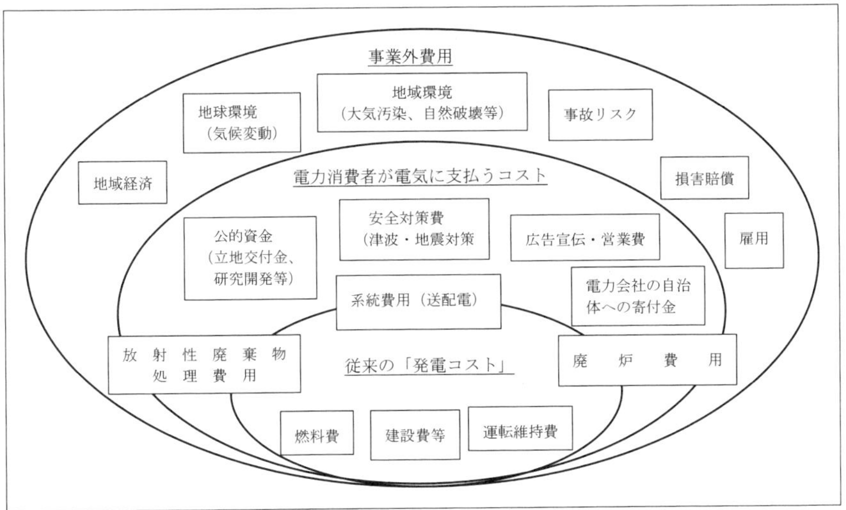

（出典）エネルギーシナリオ市民評価パネル『持続可能なエネルギー社会の実現のためにI．発電の費用に関する評価報告書』2011年10月（https://www.wwf.or.jp/activities/2011/10/1022021.html）を改変した[(6)]。

図7-3　発電にかかる費用

第5節　結び

環境と経済の持続性を求めるには帰属環境費用が重要である。国と経済の持続性においても、地域・地方と市場経済（産業）の持続性においても帰属環境費用は計算できる。

地方においては、自然環境と生活（仕事、消費）が極めて近い位置にある。地方の市場経済においても、効率主義、コスト主義、儲け主義が追求される。資本主義は地方においても、成長・拡大を進め、絶えざるイノベーションを求める。市場経済、資本主義の力は地域の産業を発展させるが、やがて衰退するのが常である。新たな産業が興ると、人口流入が大きく生じて商店街も栄えるが、環境問題が伴う。産業が衰退すると、雇用は減少し、人々は仕事を求めて他の地域に移動する。若者は地域から流出し、人口減少が始まる。商店も縮小し、自然は荒廃する。地域は産業の大きな転換を迫られる。さもなければ、シャッター通りの商店街、ゴーストタウン、耕作放棄地、廃棄農地、限界集落、荒廃山林が出現する。

しかし、今日、地域と経済の持続性を意識した経済活動が各地に見られる。いわゆるソーシャル・エコノミー（社会的経済）である。環境も含めた経済循環を重視し、地域との社会的契約と連帯の新領域ないし補完的な領域の形成を目指すNPO活動がある。例えば、桂木健次等は1994年に「NPO法人河北潟湖沼研究所」（http://kahokugata.sakura.ne.jp/）を立ち上げ、石川県河北潟の環境保全と農業生産、地域経済を結びつけた活動を続けている。

第6節 アクティブラーニング

2019年度の授業の進行を紹介する。

1. 4人から6人のグループを作る。書記を決める。課題A、B、Cから一つのテーマを選ぶ。
2. レポート課題の提示と説明。新聞記事[(7)]の引用にあたっては、スマホを使っての検索練習を行う。また、図書館にある新聞記事データベースの検索方法を説明する。
3. 講義

レポート（新里）2019年12月10日出題

課題：次のテーマAからCのうち一つ選び、「地球と経済の持続性」の視点を考慮して、意見を述べよ。

A：COP25とグレタさん

B：原発と経済（コスト）

C：環境（原発、震災）と地域経済（復興）

レポート作成・提出要領：

（1）少なくとも一つの新聞記事のURLを明示して引用すること。

（2）字数1000字程度。

（3）提出方法：Moodleのコース「教養教育　総合科目『富山から考える震災・復興学』」に入り、第10回（新里）の「課題：第10回のレポート」にファイルを提出すること。締切は2週間後の17時。

4. グループ毎にテーマについて話し合う。
5. グループの書記が意見を発表する。

注

(1) 本稿は、2017年12月8日に富山大学にて行われた市民公開講演会『放射線から未来の地球環境を考える』における、桂木健次・新里泰孝による「地球と経済の持続可能性」と題する講演に基づいている。

(2) 環境からのサービスは家計（個人）も行っている。個人の住宅の庭木は家の前を通る人に、景観という有益なサービスを生産している。

(3) 経済企画庁経済研究所（現内閣府）「環境・経済統合勘定の推計に関する研究報告書の要点」1998年7月14日。https://onedrive.live.com/Edit.aspx?resid=A691FE958147D1E8!8865&app=Word

(4) 同上「環境・経済統合勘定の試算について」1998年7月14日。https://www.esri.cao.go.jp/jp/sna/sonota/satellite/kankyou/contents/g_eco1.html

(5) 青木卓志・桂木健次・増田信彦「地域における環境・経済統合勘定—富山県の場合—」『研究年報』（富山大学日本海研究所）第XXⅡ巻、pp.1-57、1997年3月。 その後、東京、北海道等で行われた。

(6) 事業外費用は原文では「外部費用」となっているが、経済学では外部費用は外部効果に対する費用の意味に用いられる。ここでは、電気料金の費用に考慮外とされているという意味で、事業外費用とした。

(7) 参考として次の記事を示した。

A：COP25とグレタさん

・日本経済新聞2019年12月8日「COP25、10日閣僚級会合　温暖化ガス削減　規則作りへ詰め　先進国・途上国　火種なお」
https://www.nikkei.com/news/print-article/?R_FLG=0&bf=0&ng=DGKKZO53092840X01C19A2EA1000

・日本経済新聞2019年12月6日「グレタさんがマドリード到着　COP25参加へ」
https://www.nikkei.com/article/DGXMZO53068110W9A201C1EAF000/

B：原発と経済（コスト）

・朝日新聞2019年8月12日「原発安全対策費　5兆円超」
https://www.asahi.com/articles/ASM7R6KNCM7RULBJ00S.html

・日本経済新聞2019年7月9日「原発安全費、想定の3倍超す　関電・九電1兆円規模」
https://www.nikkei.com/article/DGXMZO47084510Y9A700C1SHA000/

C：環境（原発、震災）と地域経済（復興）

・日本経済新聞2019年11月3日「原発立地：政府の責任（識者に聞く）「巨額交付金　不正の温床」大島堅一氏」

https://www.nikkei.com/article/DGXMZO52189970U9A111C1EE8000/
・日本経済新聞2019年9月27日「関西電力会長らに1億8000万円　元高浜町助役から」
https://www.nikkei.com/article/DGXMZO50275450X20C19A9CC1000/
・日本経済新聞2019年1月10日「北陸30年その先へ　地域振興　原発頼らず」
https://www.nikkei.com/article/DGXMZO39755680Y9A100C1LB0000/

参考文献

大島堅一『原発のコスト――エネルギー転換への視点』岩波新書、2011年。
風見正三・佐々木秀之編著『復興から学ぶ市民参加型のまちづくり――中間支援とネットワーキング』創成社、2018年。
楠美順理『はじめての原発ガイドブック――賛成・反対を考えるための9つの論点（改訂版）』創成社、2019年。
高野雅夫編著『持続可能な生き方をデザインしよう――世界・宇宙・未来を通していまを生きる意味を考えるESD実践学』明石書店、2017年。
寺西俊一・大島堅一・井上真編『地球環境保全への途』有斐閣、2006年。
日本社会科教育会編『社会科教育と災害・防災学習』明石書店、2018年。

第8章

地域生活者の価値空間と空間価値

―原発事故補償問題を考えるために―

龍　世祥

第1節　はじめに

1995年以来継続してきた日本の「今年の漢字」というイベントに選ばれる漢字の中には、震・災・命のような自然属性の強いものもあれば、金・税・食のような経済属性の強いものもあり、輪・絆・愛のような人間属性の強いものもある。東日本大震災のあった2011年の漢字としては、災・震・波という3文字がそれぞれ2位、3位、4位を占めるが、地域人間社会のつながりの大切さを重視した絆・助・協・支という漢字がそれぞれ1位、5位、7位、8位を占める。特に、1位の絆が選択された理由としては、自然環境だけではなく、人間生活と経済生産をも統合する循環社会の視野から捉えていると言える。

補償問題を考えるためには、循環社会論の視角から、地域生活者の価値空間と空間価値を検討することが有効である。

本章では、まず、実際の授業の中で【課題1】とした**図8-1**のようなワークシートによるアクティブラーニング実践を紹介する。受講者には生活者の立場に立って自分が感じたその年の世相を統括して表す漢字をシートの中央部の円形に記入し、その漢字を選んだ理由を「自然環境の側面から考えた理由」、「経済生産の側面から考えた理由」、「人間生活の側面から考えた理由」に分けてそ

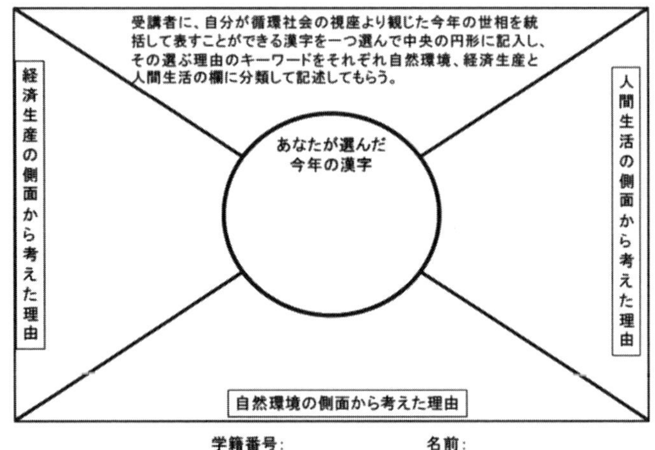

(注) 著者作成のワークシート【課題1】。実物はA4。図8-3も同様。

図8-1　循環社会の視座より選んだ「今年の漢字」

れぞれの欄に分類して記述してもらうというものである。

本論となる第2節では地域生活者とその活動空間、第3節では空間価値を含む生活者価値空間、第4節では空間権を含む生活者基本権及び補償問題を理論的に整理する。

最後の「おわりに」では、地域生活者の価値空間と空間価値という視角から原発事故の補償問題の世相を一漢字で表してもらうというもう一つのアクティブラーニング実践【課題2】を紹介する。

第2節　循環地域生活者と循環地域生活者空間

地域については、「一定の限られた土地（地）の空間的範囲（域）のこと」の意味を包含する多様な理解がある[(1)]。「循環社会論」[(2)]の主張は、地域における社会を理解する際に、従来の「人間社会」を「人間」そのものと「経済」に分け、自然再生産、人間再生産、経済再生産から構成される広義の再生産過程を視座にすべきであるというものである。

この広義の再生産過程に循環している基本的な要素として物質、エネルギー

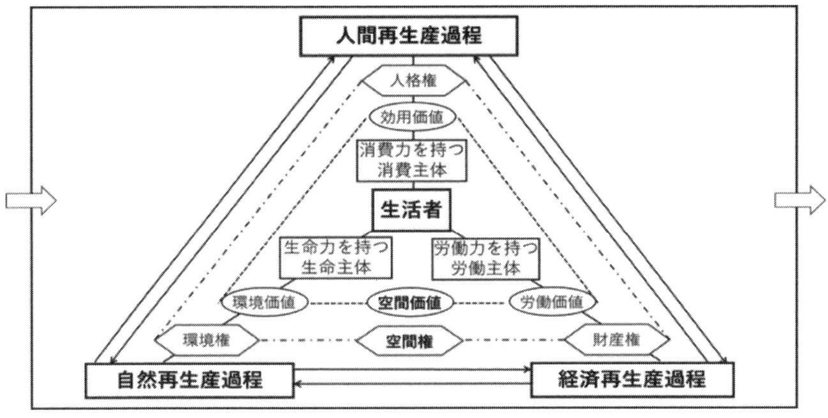

（注）著者作成。図の外側にある枠線の意味は地域内と地域外の境界である。境界の左右にある矢印は地域が地域外（あるいは他の地域）とも循環要素を交換する開放的な空間である意味を示す。

図8-2　循環地域社会における生活者の価値空間と基本権

と情報の３つがあるが、環境経済学的な表現を用いて見られる素材的な循環は**図8-2**の矢印に示される経路で行われる。すなわち、①生産手段と自然人口をそれぞれ内部循環要素とする「経済再生産過程」と「人間再生産過程」の間には消費手段と労働人口（あるいは労働力）が循環している。②「人間再生産過程」と「自然再生産過程」の循環は、消費活動による自然消費手段の摂取と消費廃棄物の自然への排出から構成される。③「経済再生産過程」と「自然再生産過程」の循環は、生産活動による自然生産手段の摂取と生産廃棄物の自然への廃棄から構成される。

循環地域空間とは、前述した循環社会を強調する「地域」として、人間社会をさらに人間と経済に分類し、従来の「地域」に内在する性質をさらに循環性の観点から統一して、{循環主体、循環要素、循環活動、循環広がり} の構造を持つ集合概念である(3)。

従来の多様な理解で描かれた「生活者」像(4) とは異なり、循環地域空間における地域生活者は**図8-2**の中心部の通り、地域社会に具現化した人間としての「肩書」を降ろした、人間的に消費力を持っている人間として、自然的に生命力を持っている人間として、経済的に労働力を持っている人間として、それぞれ自然、経済、人間の再生産過程から供給される消費手段を消費して存続していく主体として考えるものである。すなわち、このような3つの姿勢を持つ地域生活者は消費主体、生命主体、労働主体として地域のあらゆる人間的主体要素に内在しながら、日々、その活動を重ねているのである。

生活者の生活要素でもあれば、生活結果でもある生活者空間は、生活者（生活主体）、生活要素、生活者の持つ消費力、生命力と労働力の再生産活動とする生活活動、活動過程の生活広がりから構成される。そして、循環地域生活者空間とは、このような生活者空間と前述した循環地域空間から構成されている。循環地域生活者空間の概念は以上のような多重性を持っているので、理論的に分析を進めるために集合論の力を借りることにしよう。例えば、もし極端に、その広がり以外の構成対象を捨象すれば、地域生活者空間は単純化されて、{生活広がり、循環広がり} となる。これは地域固有の生活の場所と生活の基盤などの広がりそのものだけからなる空間的なつながりである。その地域に固有、その地域の生活者しか味わえない美しさ、快適感、神秘感、安らぎ感などといった空間的な感覚がその意味するところである。

次に、生活要素と循環要素が捨象されると、{{生活主体、生活活動、生活広がり}、{循環主体、循環活動、循環広がり}} の空間概念が得られる。これは、主体と活動そのものとの経路的なつながりからなるものである。原発事故前の福島地域に根差して機能していたが、復興事業と避難生活の長期化によって機能停止か組織解散となる多分野、多主体の協働ネットワークがその典型例である。

また、生活主体と循環主体を捨象したら、空間が {{生活要素、生活活動、生活広がり}、{循環要素、循環活動、循環広がり}} となる。それは、要素と活動そのものとの素材的つながりを意味する。原発事故で質的に劣化され、規模的に縮小されて、メカニズム的に攪乱されていた物的、情報的、人的、金銭的な地域循環システムが主となるが、その結果として、数多い生活者のそれらの循環システムから離散させられ、地域外に避難させられてしまう。

勿論、捨象の対象の変更によって違う例示は他にもできる。それらの例示を考察することで、循環地域生活空間の構造的多重性、地域的固有性、機能的潜在性、享受的公共性、所有的曖昧性などが示唆される。それゆえに、循環地域生活空間の存在性は、失われてから初めてその主人公である生活者に強く感じられ、確認される特徴がある。

第3節　地域生活者の価値空間と空間価値

価値一般に関する理論は大別して、近代経済学の「効用価値論」の基礎となる非マルクス主義の価値論と政治経済学の「労働価値論」の基礎となるマルクス主義の価値論がある[(5)]。それらの主張と示唆を参考に、循環地域における生活者の価値観についても考えてみよう。

第一に、地域生活者は価値主体として3つの再生産過程と地域空間との関わりに立脚して、それぞれ異なる4つの姿勢で価値判断を行う。つまり、人間再生産過程については消費力を持つ生活主体の姿勢、経済再生産過程については労働力を持つ生活主体の姿勢、自然再生産過程については生命力を持つ生活主体の姿勢、地域空間についてはその土地への定着力を持つ生活主体の姿勢である。

第二に、特に循環地域社会における多元的価値観を同時に持つ価値主体は生活者しかいない。生活者が循環社会において価値創造の本源的な動力となる生命力、消費力、労働力を同時に持つことができる唯一の主体となるからである。

第三に、地域生活者価値の創造は生活活動そのものである。すなわち、生活活動は生活力の再生産であるが、生命力と労働力と消費力と地域生活空間を維持、強化しながら、幸せの追求あるいは欲望の充足を行うことである。その過程において、客観的にはその生活力の投入・産出の効率で判断できる物事の良さが生活者価値として創出される。主観的には、その幸せの追求・欲望の充足度で判断できる物事の良さが生活者価値として創出される。

第四に、地域生活者価値は、自然再生産過程の生命活動に関わる自然価値、人間再生産過程の消費活動に関わる効用価値、経済再生産過程の生産活動に関わる労働価値及び地域空間の広がりに関わる地域空間価値から構成される。

地域生活者価値は、価値の対象物の生活力（消費力、生命力、労働力）及び生活空間の再生産効率に対する寄与度より判断できるが、地域生活者の空間価値を測る尺度としては、その空間に記憶される生活者の生活時間とその空間から離れる生活者との距離が考えられる。ここでは、前者を時間的尺度と、後者を距離的尺度ということにする。

時間的尺度は、基本的に生活者のその空間に居住する年数で設定される。例えば、生活者個人の場合では、その空間価値はその空間において生まれてからの生活累積年数で表される。生活者家庭全体の場合では、その空間価値はその構成員のそれの合計となる。それに対して、一家族の場合では、その空間価値は、その家族構成員の合計となる。この尺度で測られる年数が多ければ多いほどその空間価値は高い。

距離的尺度は、基本的に生活者の居住地からその空間の広がりのフロンティアまでの平均距離数で表される。ここでいう空間の広がりは、点的な広がり、線的な広がり、面的な広がり、体的な広がりなどの４タイプに分けられる。このような尺度で測られる距離数が近ければ近いほどその空間価値が高い。

その他には社会的尺度もあり得る。それは、基本的にその空間に対して関与する度合で表される。

第４節　地域生活者の基本権と価値補償問題

ここでは、地域生活者の基本権とは、単に上述のように理解される生活者であるということに基づく普遍的権利のことを意味する。これは、上述した地域生活者に内在する価値空間を根拠に推論できる論点である。**図8-2**で示されるように、生活者基本権の構造は空間権、人格権、財産権、環境権などから構成されるべきである。ここでは、空間権が地域生活者にとって、最も基礎的な権利となることが強調される。

この権利観の現実的な正当性は、生活者が直面する生活問題が生活者の価値の損害に帰属することにある。特に、空間権は基礎的でありながら、最も無視されやすい生活者の権利でもある。

このような観点に立った上で、地域生活者の価値補償問題とは、生活者の価値損害を補塡することを意味するのである。生活者は生活者の権利を強調して価値の加害者及び国に対して損害の補塡を請求する。他方、生活者価値の加害者及び国は生活者の権利を認めて生活者に対して損害の補塡を履行すべきである。

生活者が事前に価値損害の発生可能性を判断して加害者・国に差止権利を行使して損害を回避してもらうことは事前的価値補償問題である。損害進行中の際に、生活者が加害者・国に救済権を行使して損害を中止してもらうことは事中的価値補償問題である。生活者が損害を受けた後、加害者・国に対して請求権を行使して価値を補塡してもらうのは事後的価値補償問題である。

地域生活空間そのものは、生活者にとっては、あらゆる生活価値創造の条件でもあり結果でもあり、基礎的な生活価値でもある。生活空間価値の存在性と重要性を検証するという観点から、今後、東日本大震災における「震災関連死の死者数（都道府県別）」[(6)] に見られる年齢別人数とその原発事故現場の距離などとの相関性、及び「震災関連死の原因として市町村から報告があった事例」に列挙される生活空間の喪失に関わる死因などを丁寧に検証する必要がある。

第５節　おわりに

本章では、地域生活者が生命力・生産力・生活力の持ち主として地域循環における自然価値・経済価値・人間価値の創造者でもあれば、所有者でもあるこ

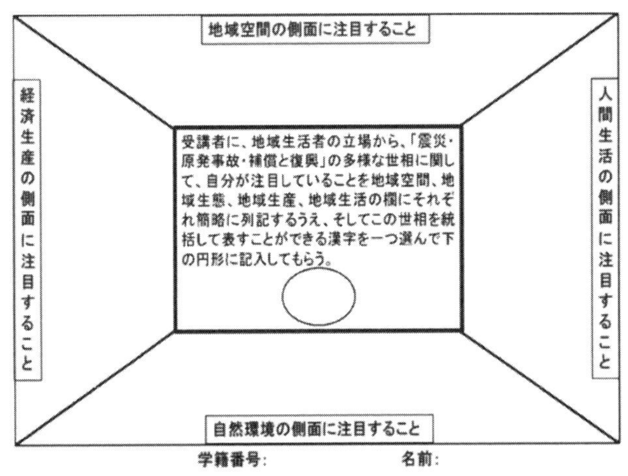

図8-3　原発事故の補償・復興の世相を表す漢字

とを解説した。地域生活空間そのものは、生活者のあらゆる生活価値を創造・所有する基本条件として生活者の生存権、財産権と環境権の行使を通じて保障されるべきことである。これは、原発事故の補償問題を考える際に必要不可欠の論点となろう。

図8-3は原発事故の補償問題を踏まえて、地域生活者の価値空間を一つの漢字で表すというアクティブラーニング実践【課題2】である。

注

(1) 龍世祥「地域生活者と地域生態補償――循環社会論の視角から見た地域生活学の基本概念」『地域生活学研究』(地域生活学研究会) 第3号、2012年3月、pp.24-5。
(2) 龍世祥『循環社会論――環境産業と自然欲望をキーワードに』晃洋書房、2002年。
(3) この{ }は数学の集合論における要素を表すものである。例えば{a,b,c}であればその集合がa、b、cという3つの要素から成り立っていることを示す。
(4) 龍世祥、前掲文、pp.25-6。
(5) 龍世祥、前掲書、pp.7-8。
(6) 復興庁HP (2019年10月1日参照)。
www.Reconstruction.go.jp/topics/main-cat2/sub-cat26/20190628_kanrenshi.pdf
www.reconstruction.go.jp/topics/240821_higashinihondaishinsainiokerushinsaikanrenshinikansuruhoukoku.pdf

第9章

原発のコスト

大島　堅一

第1節　はじめに

原子力発電の推進の根拠は、従来、安全性、エネルギー安全保障、環境適合性、経済性に置かれてきた。2018年に策定された「エネルギー基本計画」においても、事故前と同様の記述がみられる。

東京電力福島第一原子力発電所事故（以下、福島原発事故）後、安全性、エネルギー安全保障、環境適合性については推進の根拠となり得ないことが一般市民にも理解できるようになった。まず、安全性については、福島原発事故が起こったことから、完全に確保されるわけではない。また、エネルギー安全保障についても、ウラン資源には限りがあり、輸入もされているから、ウラン資源は石油・石炭・天然ガスと同様の外国産の枯渇性資源にすぎない。それゆえ、エネルギー安全保障の確保という点では限定的な意味しか持たない。さらに、環境適合性についても温室効果ガスの直接的排出はないとはいえ、事故時には深刻な放射能汚染があり、平時においても放射性廃棄物が発生する。これらは他の問題にみられない原子力固有の深刻な環境への影響であるから、環境適合性があるとは到底いえない。

残る問題は、原子力発電の経済性である。経済学からみて原子力発電はどのように捉えられるであろうか。本章では、「社会的費用」論の観点から原子力発電について考えてみよう。

第2節　原子力発電の社会的費用

原子力発電は非常に長い期間にわたって放射能汚染を引き起こすリスクがある。そのため、多額の費用をかけて対策を行う必要があるし、一旦事故が起これば莫大な損害と費用が発生する。原子力発電には将来に先送りしている費用がある。制度派経済学者K. W. カップ（Karl William Kapp, 1910-76）は、経済活動によって必然的に生じ、累積的に増大するにもかかわらず、費用を発生させた経済主体の経済計算に入らず、第三者が負担させられている費用を「社会的費用」と捉えた(1)。

原子力発電によって発生する損害や費用はいかなるものか。原子力発電を通常の発電プロセス、廃止プロセス、事故の3つの局面から捉え直してみよう。

2.1　燃料製造・発電プロセス

図9-1は燃料製造と発電のプロセスにおける放射性物質の流れと処分のあり方を表している。

原子力発電には核燃料が必要である。核燃料は、ウラン鉱石を精錬し、ウランを転換（化学的形状の変換）・濃縮することによって得られる。このプロセスの中で、減損ウラン（ウラン235の濃度が0.2～0.3%で発電には使用できないもの）とウラン廃棄物が大量に発生する。減損ウランは利用・処分の計画がないまま保管されている。またウラン廃棄物も、処分方法が決まっていないため処分されないまま廃棄物貯蔵施設で保管されたままになっている。これらはいずれ処分しなければならず、将来に費用が発生する。

次に、発電プロセスでは、核燃料を利用することで電気というサービスが得られる。その一方で、原子力発電関連施設からは、規制の範囲内で放射性物質が海洋や大気中に放出されている。また、核燃料は使用された後に使用済核燃料となる。使用済核燃料は、化石燃料と異なり、使用前と使用後では同じ形を

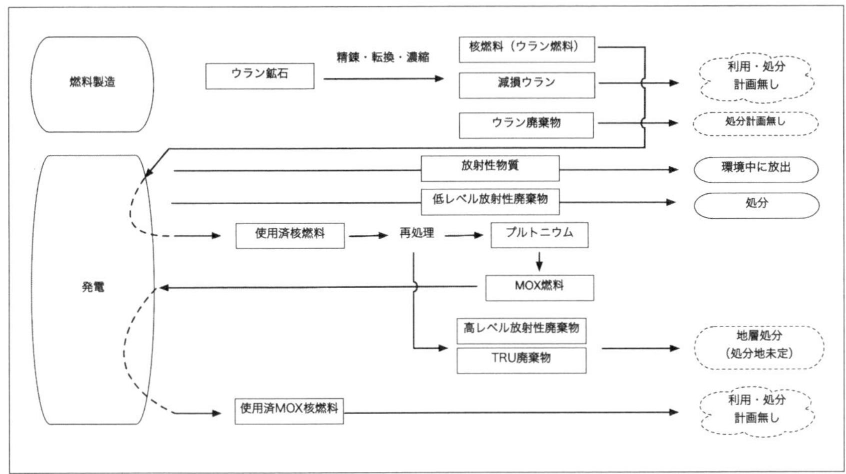

（注）著者作成。

図9-1　通常の発電プロセスによって発生する放射性物質と社会的費用

しているが、組成が大幅に変わり、大量の核分裂生成物が含まれている。そのため、使用済核燃料は非常に強い放射線を長期にわたって出す。ほとんどの国は、使用済核燃料を「高レベル放射性廃棄物」として直接処分する。

日本は使用済核燃料を一種の資源と捉え、処分せず「再処理」する計画である。再処理とは、使用済核燃料からプルトニウムを取り出す化学工程のことである。再処理からは、高レベル放射性廃液をガラス固化した「高レベル放射性廃棄物」と、比較的低レベルではあるが長期間管理を必要とする「TRU廃棄物」（ウランより原子番号が大きく、半減期の長いアメリシウムやプルトニウム等が含まれる放射性廃棄物）が発生する。これらの廃棄物は、300m以上の地下に処分すると法律で決められているものの、具体的な処分計画はない。

再処理を行うもともとの理由は、使用済核燃料から得られたプルトニウムを高速増殖炉で繰り返し利用することにあった。だが、高速増殖炉開発は技術的、経済的に困難で失敗に終わった。そこで、現在は、再処理で得られたプルトニウムから「MOX燃料」（プルトニウムとウランを混ぜ合わせて軽水炉で利用可能にした核燃料）を作り、軽水炉（日本で利用されている原子炉の型）で使うという「プルサーマル」が行われている。プルサーマルは関西電力高浜3号機や四国電力伊方原発3号機ですでに実施されている。このMOX燃料は、一旦利用されると使用済MOX核燃料となる。使用済MOX核燃料は発熱量が多く、扱いが使用済核燃料に比べて難しくなる。また、この使用済MOX燃料の利用・処分計画はない。MOX使用済核燃料はそれ自体が強い放射線を出す放射性物質であるから、いずれ多額の資金をつかって処分されることになる。現在、その費用額は未確定である。

2.2 廃炉プロセスと費用

図9-2は原子力発電設備の廃止プロセスを示している。原子力発電所の運転期間は法律（原子炉等規制法）で原則40年と定められており、例外的に20年延長が認められることもあるものの、遅かれ早かれ廃止（廃炉）しなければならない。また、再処理施設や燃料加工施設も、いずれ廃止しなければならなくなる。これらの原子力関連施設は、大量の放射性物質を使用しているので、高濃度に汚染されている箇所が存在する。そのため、廃止措置には除染、放射線防護をした設備の解体、解体廃棄物の処分が含まれる。

原子力発電所の廃止については海外でいくつかの事例があるものの、日本ではまだ完了した事例がない。政府によれば原子力発電所の廃止には30年程度要する。解体によって発生する廃棄物のうち、一定の放射能濃度（クリアランス）以下は再利用可能とされ、クリアランス以上のものは放射性廃棄物として処分される。廃炉廃棄物は50～100m地下に処分する（余裕深度処分）とされているものの、処分地は決まっていない。

廃止措置が特に困難なのは再処理施設である。再処理施設は非常に高濃度の放射能汚染があるため技術的、経済的に困難であり、世界的にも例がない。再処理施設を持つイギリスでは、再処理施設の廃止措置に日本円にして10兆円以上かかると政府が発表している。また再処理施設は解体にかかる時間も非常にかかるのが特徴で、イギリスでは120年以上かかるという(2)。日本の再処理施設についても、再処理施設を停止した後、放射能濃度が下がるのを待つため、解体開始までに数十年を要する。再処理施設のうち、高濃度に汚染されている部分はTRU廃棄物として扱われる。青森県の六ヶ所再処理施設そのものが稼

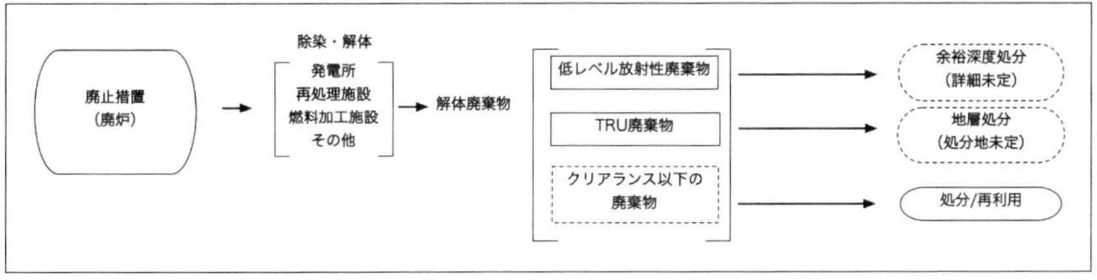

(注) 著者作成。

図9-2 原子力設備の廃止措置と社会的費用

働していない段階であり、廃止措置についての詳細は全く見通しがたっておらず、将来世代が担うことになる。

2.3 事故時の費用

2.3.1 発電所敷地内

原子力発電には、過酷事故(原子炉の設計や基準を大きく超え、炉心冷却や制御ができなくなった事故)を起こすリスクが必然的に存在する。福島原発事故以前は、日本において過酷事故が起こる可能性は著しく低く、無視しうるものであると説明されていた。しかし、こうしたことは原発の安全神話につながり、事故を招いてしまった(3)。福島原発事故が発生して以降は、過酷事故が起こることを政府や電力会社も否定しなくなった。それゆえ、事故時の費用もまた考慮しなければならない。政府によれば、福島原発事故の廃炉費用(下記に述べる燃料デブリ取り出しまでの費用)は8兆円である(4)。だが、この数字は1979年にアメリカで起きたスリーマイル島原発の事故を参考に作られたものであり根拠に乏しい。

事故時には、発電所敷地内と発電所敷地外の双方で放射能汚染が起こる。発電所敷地内では、事故直後に緊急時対応が行われる。福島原発事故のように、核燃料が溶け落ちるというメルトダウン型の事故では、水を入れて炉心を冷却する作業がまず行われる。事故時の緊急対応後、燃料プールに残っている使用済核燃料や飛散したガレキを集積し、保管する必要がある。放射能汚染が激しいところでなくても、これが完了するには10年以上の歳月を要する。ガレキであっても高濃度に汚染された箇所であれば回収自体が難しい。福島原発事故に

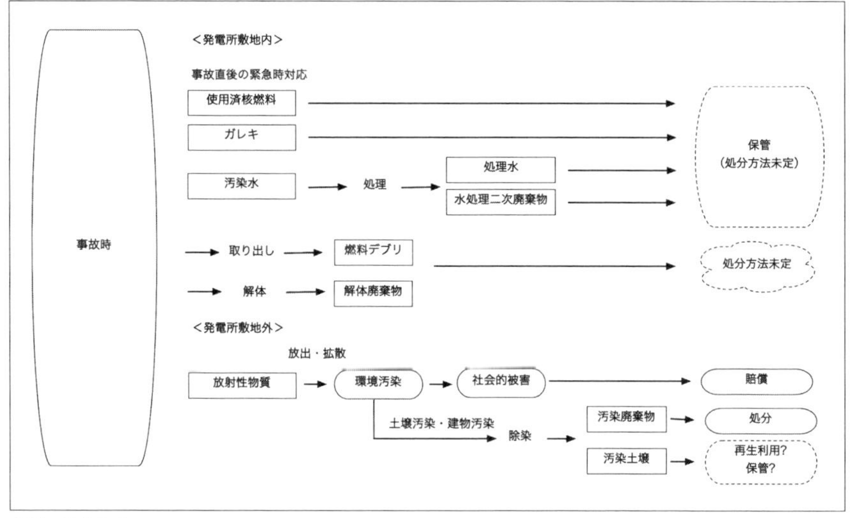

（注）著者作成。

図9-3　事故後のプロセスと社会的費用

おいては、使用済核燃料や回収されたガレキの処分方法は決まっていない。

また、核燃料を冷却するために注入された大量の水は高濃度の放射能で汚染される。こうしてできた汚染水は非常に危険で、扱いが難しいため放射能を取り除く処理が行われる。これによって処理水（汚染水を処理した後に残る水のこと）と水処理二次廃棄物が発生する。トリチウム（三重水素）は技術的に取り除くことが難しいため処理水に含まれている。水処理二次廃棄物は処理によって取り除かれた放射性物質が含まれている。いずれも保管されているが、処分方法は決まっていない。そのため費用も確定していない。

現行の政策では、事故を起こした福島第一原子力発電所1～4号機は事故後30～40年で廃止することになっている[(5)]。しかし40年で廃止できる可能性はほとんどない。例えば、チェルノブイリ原発事故のケースでは、放射線のレベルが非常に高いため、急ごしらえの「石棺」で覆われた。しかし内部の放射線量は極めて高く、人が近づけない状態が続いている。石棺も老朽化し、崩壊する可能性もあった。そこで、事故後33年目の2019年には発電所全体が改めて新しいシェルターで覆われた。今後100年間はシェルターで保全される[(6)]。

1957年に起きたイギリスのウィンズケール原子炉の事故のケースでも、いまだに炉心は取り出されていない。過酷事故を起こした原子炉が解体された例は世界的にない。急いで廃止措置をとろうとすれば、労働者被ばくが避けられないからである。日本でも短期間のうちに廃炉するという方針をとるべきではないだろう。

福島第一原子力発電所では、溶け落ちた核燃料とコンクリート等が入り混ざって炉心付近には「燃料デブリ」があるとみられている。燃料デブリは形状がさまざまで、放射線量が非常に高く、人間が近づけないのはもちろん、遠隔操作のロボットでさえも短時間で動かなくなってしまう。日本政府の計画では、燃料デブリの取り出し開始時期を2021年としているが、原子炉内部は致死的な放射線量であるため作業が困難を極めるのは確実である。仮に取り出しに成功したとしても、高レベル放射性廃棄物として扱わなければならない。そのための処分場はまったく計画されていないし、当然ながら費用計算もされていない。

2.3.2 発電所敷地外

発電所敷地外へは事故によって大量の放射性物質が放出された。放射性物質が放射性プルーム（気体状の塊）となって大気中を移動し、人々に対して初期の外部被ばくをもたらした。また、降雨・降雪があった地域では、放射性物質が地面に降下し、建物や土地（森林、農地、住宅地等）を広く汚染した(7)。

こうした放射能汚染のために、莫大な社会的被害が発生した。周辺の人々の多くは長期間の避難を余儀なくされた。また、経済活動、文化活動を含む生活基盤そのものが破壊（「ふるさと喪失」）された(8)。これらに対しては、東京電力から賠償が行われているものの、十分とは言えず、被害者からの集団訴訟が提起され、原告は1万人を超えている。一方、汚染された地域では、住宅地・道路を中心に、国や自治体によって除染が実施された（森林は除染されていない）。この費用総額は、国会での環境省の説明によれば約4兆2000億円である。

除染作業により、放射性物質によって汚染された廃棄物、土壌（除去土壌）が大量に発生した。放射能濃度が高い廃棄物は中間貯蔵を経て最終処分されるものの、比較的低い濃度の廃棄物（100～10万Bq/kg、Bqは放射能の単位）は、管理型処分場で処分されている。また、除去土壌については、8000Bq/kg以下の大部分を農地や公共事業で再利用する方向で政策が作られている。本来、原子炉等規制法に基づく規制では、100Bq/kg以上のものは低レベル放射性廃棄物として処分されていた。この従来の規制と比べて、福島原発事故に関する法律（放射性物質対処特措法）の規制は、非常に緩くなっている。このように、基準が二重に存在している。

廃棄物、土壌ともに、高レベル（10万Bq/kg以上）のものは、30年以内に福島県外に建設される最終処分場で処分するとされている。しかし、具体的な計画は進んでおらず、建設・運用は困難を極める。最終処分場の建設、運用費用は計算されていない。

第3節 原子力発電によって発生する社会的費用の総額

前節でみた原子力発電の社会的費用をまとめたものが**表9-1**である。この表では、利用・処分の計画もなく、処分のための規制も未整備であるものについては、利用・処分等の列にその旨記し、費用は未確定としている。発電プロセスにおける、大気中、海水中への放射性物質の放出については、追加的費用はかかっていないので0としている。

廃炉プロセスにおける解体・解体廃棄物の処分については、2017年の原子炉等規制法改正により、「廃止措置実施方針」の公表が電力会社等に義務づけられている。「廃止措置実施方針」は、原子力規制委員会のホームページ（http://www.nsr.go.jp/）からたどることができる。同方針には、廃止措置に要する費用が明記され、資金調達方法も記載されており、総額は4.2兆円（六ヶ所再処理施設とMOX燃料工場の廃止費用、それぞれ1兆6000億円、1200億円を除く）に及ぶ。

廃止費用自体には、施設の維持管理費用が含まれておらず、廃止プロセス全体の費用はさらに多いと考えられている。例えば、日本原子力研究開発機構が持つ高速増殖炉原型炉「もんじゅ」の廃止費用は、同機構の資料によれば1500億円とされている。しかしながら、会計検査院が2017年に実施した検査によれば、直接的な経費1500億円の他に、廃止期間中の維持管理費2250億円が必要である。さらに、人件費や新規制基準に適合するための費用が含まれていないという（会計検査院2017年度（平成29年度）決算報告）。他の設備についても、同様のケースがあれば、廃止費用はさらに増える。

事故については、政府によって21.7兆円の費用がかかることが示された。日本経済研究センターは35～80兆円と推測している。事故費用については未確定部分も多い。ガレキ・水処理二次廃棄物、処理水処分の方法は未確定で、政府や東京電力からは費用が示されていない。また、「廃炉・汚染水」対策8兆円は、燃料デブリ取り出しまでの費用とされている。取り出した後は、長期保管と処分のための費用が別途必要である。燃料デブリ取り出しに数十年、その後、長期保管をしたとすると、処分が具体的に始まるのは今世紀末になる可

表9-1　原子力発電の各プロセスで発生する社会的費用

プロセス	内容	利用・処分等	費用（試算値）
燃料製造	減損ウラン	未定。計画無し。法制度無し。	未確定
	ウラン廃棄物	未定。計画無し。法制度無し。	未確定
発電	放射性物質	管理放出	0
	低レベル放射性廃棄物	地中処分	総額不明
	使用済核燃料	再処理(設備投資、廃止措置含む)	13.9兆円
		MOX燃料加工（設備投資、廃止措置含む)	2.3兆円
	高レベル放射性廃棄物	地層処分	2.8兆円
	TRU廃棄物	地層処分	0.7兆円
廃止措置	解体・解体廃棄物		4.2兆円以上
事故	賠償	原子力損害賠償審査会が示した中間指針に基づき賠償	7.9兆円
	除染	国・自治体が実施	4.2兆円
	廃炉・汚染水	燃料デブリ取り出しまで。	8.0兆円
	ガレキ・水処理二次廃棄物	未定	未確定
	燃料デブリ	未定	未確定
	中間貯蔵	廃棄物・土壌	1.6兆円
	最終処分(廃棄物・土壌)	福島県外に30年以内に設置	未確定
	帰還困難区域の除染	復興事業の一環として国が実施	未確定
総額			45.6兆円以上

（注）各事業者、国の資料等から著者作成。

能性がある。除染で生じた膨大な量の廃棄物、土壌についても最終処分場の具体的計画はない。帰還困難区域の一部で行われている除染は復興事業の一環として行われていて費用として計算されていない。

したがって、現時点でわかっている原子力発電の社会的費用は最低限の目安にすぎず、今後増大するのは確実である。表に記載した費用のほかにも、原子力発電の研究開発資金や、原子力発電所立地自治体に対する交付金に要する費用を国は毎年の予算（一般会計、特別会計）から支出している。コスト等検証委員会によれば、2011年度予算で3182.9億円であった(9)というから、1954年度に原子力予算が作られて以来、これまでに投じられてきた国費は数兆円規模に達する。これからすると、原子力発電によって生じた社会的費用は、ごく控えめに見積もって総額50兆円を超えるであろう。

第4節　まとめ

原子力発電によって発生する社会的費用は莫大である。すでにみたように、これが経済学的にみた場合の原子力発電の第一の特徴である。これに加えて、原子力発電の社会的費用には、不確実性と世代間不公平という特徴がある。

まず、不確実性とは原子力発電のコストが最終的にいくらになるのかわからないという性質である。不確実な理由は大きく2つある。使用済核燃料の処分方法には直接処分と再処理という2つの方法があり、どちらの方法を採用するかで発生する放射性廃棄物の種類や量が異なってくる。加えて、福島原発事故のような事故が今後起こりうるとしても、いつどのような規模で発生するか事前にはわからない。事故後の放射性廃棄物、土壌の処分のあり方によっても費用は大きく変わる。

世代間不公平とは、こうした費用の発生が非常に長期間に及ぶため、ほとんどの費用を将来世代が一方的に負うことになるということである。現在世代は、原子力発電によって得られた電気を利用できるという恩恵がある。しかし、将来世代は、残された負の遺産から何も得られない。行うのは、放射性物質を処分し、管理するという後始末作業だけである。費用負担の不公平性は、費用の莫大さとともに考えなければならない重大な課題である。

原子力発電を選択すれば、事故が絶対に起こらないということはない。これに加え、原子力発電施設の廃止や放射性廃棄物の処分は必ず行わなければならない。原子力発電所を使って電気を得る期間はせいぜい40～60年にすぎない。発電した後に超長期にわたって最終的に一体いくらになるかわからない費用が発生する。電気を得るためにこれほど大きな負担をしなければならない原子力発電の是非が問われている。

第5節 アクティブラーニング

このような問題を主体的に考えるには、自分の意見をしっかり持つことが重要である。例えば、次の課題に対してあなたはどう考えるだろうか。

課題1

電力会社が発生させた原子力発電による社会的費用は膨大である。この費用は誰かが支払わなければならない。では、誰が払うべきだろうか。その理由も含めて考えてみよう。

課題2

現代の経済活動がもたらす環境問題は将来世代に決定的な影響を及ぼす。にもかかわらず、まだ生まれていない人々は、現在の意思決定に参加できない。では、現代に生きる人々は、どのような原則で意思決定すれば将来世代のためになるだろうか。

注

(1) Kapp, K.W. *The Social Costs of Private Enterprise*, Harvard University Press,1950.（篠原泰三訳『私的企業と社会的費用』岩波書店、1959年）

(2) Government of UK, *Corporate report, Nuclear Provision: the cost of cleaning up Britain's historic nuclear sites* updated 4 July 2019.（https://www.gov.uk/government/publications/nuclear-provision-explaining-the-cost-of-cleaning-up-britains-nuclear-legacy/nuclear-provision-explaining-the-cost-of-cleaning-up-britains-nuclear-legacy）

(3) 国会事故調査委員会『報告書』2012年。
(4) 東京電力・1F問題委員会「参考資料」(第6回東京電力・1F問題委員会) 2016年12月9日。
(5) 東京電力ホールディングス「福島第一原子力発電所の廃止措置等に向けた中長期ロードマップ」2019年12月27日。
(6) https://chnpp.gov.ua/nbk_e/
(7) 福島原発事故における放射性物質の放出、放射能汚染については、多くの報告書が出ている。代表的なものとしては、政府による事故調査報告書（東京電力福島原子力発電所における事故調査・検証委員会報告書：https://www.kantei.go.jp/jp/topics/2012/pdf/jikocho/honbun.pdf)、国会事故調査委員会報告書（https://dl.ndl.go.jp/info:ndljp/pid/3514600?tocOpened=1）等のほか、原子放射線の影響に関する国連科学委員会（UNSCEAR）による報告書（https://www.unscear.org/unscear/en/fukushima.html）等がある。
(8) 除本理史「『ふるさとの喪失』被害とその救済」『法律時報』第86巻2号、pp.68-71、2013年。
(9) エネルギー・環境会議 コスト等検証委員会『コスト等検証委員会報告書』2011年12月19日。

参考文献

電気事業連合会「原子力2010［コンセンサス］」2010年。
(http://donjon.rulez.jp/refeqsum/genshiconsensus2010.pdf)

第10章

被災地の産業は回復したか

大坂　洋

第1節　はじめに

東日本大震災は大きな被害をもたらした。死者・負傷者などの人的被害に加えて、物的な損害も甚大である。日本政策投資銀行の推計によれば、建物、電気・ガス・上下水道、道路・港湾、社会資本などの資本ストックが震災によって破壊されたことによる、岩手、宮城、福島、茨城4県の被害総額は16兆3730億円である。同推計によれば、各県沿岸部における既存の資本ストックに対する被害額の割合は、岩手県では47.3%、宮城県では21.1%、福島県では11.7%、茨城県では6.8%である。沿岸部より比較的被害が小さい内陸部においては4県の被害額の割合は3.3%である(1)。

これらの資本ストックは人々の生活を支え、仕事をする上で必要不可欠なものである。それらの多くが失われて、被災者は生活上の大きなハンディキャップを負った。これらの物的な損害を修復しつつ、復興に取り組むことを強いられた。これらの甚大な被害からの生活の復興はどの程度進んでいるだろうか。本章では、このことを経済データに即して分析する。

第2節 人々の物質的な豊かさと労働

今、本から少し目を離して、あなたの身に着けている物、部屋にある物、あなたの周囲にある様々な物に目を向けて欲しい。それぞれの物を作った人をあなたは知っているだろうか。もしかしたら、テーブルの上に自分や家族が作った料理があるなど、知っている人の作った物もあるかもしれない。しかし、あなたが手にしているこの本も含めて、あなたの周囲にある様々な物の大半はあなたの見知らぬ人によって作られた物であることが分かる。現在の社会では、人々は赤の他人のために働き、赤の他人の労働の成果によって生活を成り立たせている。

私たちは「自分にとっての大事な人間関係」と聞かれると、家族や友人、恋人など、顔を知っている人を思い浮かべるだろう。それらの人たちとの関係も大事な人間関係には違いない。しかし、それと同時に近代の社会ではすべての人の生活は赤の他人の労働によって成り立っている。つまり、労働を通じた、顔を知らない人との人間関係が重要なのである。

経済学はこのような事実の認識を出発点とする。経済学はお金についての学問ではない。逆に、経済学は社会にとっての経済問題をお金や国の財政の問題ではなく、国民全体の労働と生産の関わりと捉え直すところから出発した。その出発点は、最初の経済学についての本とされているアダム・スミス（Adam Smith, 1723–90）の『国富論』(2) である。

『国富論』は、生活に役に立つ物は誰かが作った物であり、それらの物は人がたくさん働くほど、たくさん生産できるということの指摘から始まる。社会の人々の生活の物質的な豊かさは、お金の量ではなく、人々が働いて物を生産することにかかっている。お金自体は役に立つ物を生まない。この事実の認識が経済学の歴史の始まりであり、経済学を学ぶ上での始まりでもある。『国富論』の冒頭部分を引用しよう。

> 「国民の年々の労働は、その国民が年々消費する生活の必需品と便益品のすべてを本来的に供給する源であって、この必需品と便益品は、つねに、労働の直接の生産物であるか、またはその生産物によって他の国民から購入したものである」(3)

この箇所の翻訳者による小見出しは、「国民の富は年々の労働の生産物からなり、その大きさは労働の熟練の程度と、有用な労働者とそうでない者との割合如何による」[(4)] である。これを現在の経済学用語で説明しよう。

社会全体の労働量と労働生産物の総量が比例するとする。すべての就業者の労働時間が等しいなら、1年間で就業者が1人増えるときに増加する年間の労働生産物の量は一定となる。つまり、就業者当たりの労働生産物だけ増える。この値を労働生産性という。これを数式にすると

労働生産物量＝労働生産性×就業者数

となる。多くの経済分析では労働生産性は生産技術によって決まると想定されている。この式の両辺を社会の人口で割り、就業者数÷人口を就業率と置き換えると、

労働生産物量÷人口＝労働生産性×就業率

となる。「労働生産物量÷人口」は1人当たりの消費しうる労働生産物量を表し、小見出しの「国民の富」にあたる。先に引用した小見出しの「労働の熟練の程度」は上の式の労働生産性にあたり、「有用な労働者とそうでない者との割合」は就業率にあたる。

アダム・スミスは主に労働量と労働生産性によって労働生産物量が決まる側面を考えた。つまり、式の右辺が左辺を決めると考えた。しかし、市場経済では商品は売れ行きによって生産量が決まり、それによって就業者数が決まる側面が強い。これを「有効需要の原理」という。これに基づいて上の式を読めば、労働生産性と労働生産物量によって、人口当たりの就業者数が決まる。

社会の中で働くことができて、働く意思のある人々（労働力人口）より就業者数が下回ると失業が生じる。このことから、就業者数を決める有効需要の原理は、失業の決定理論となる。失業は労働生産性が高くなれば増え、労働生産物量が高くなれば減ることが導かれる。

現在の経済統計では、社会全体の産出量を測定するのにGDPが用いられる。

統計データによる分析では、労働生産物としてGDPを用いられるのが普通である。国や地域の人口を与えられたものとして考えれば、高いGDPはその国・地域の平均的な物質的な豊かさとともに、低い失業水準、高い雇用水準を意味する。

アクティブラーニングとしての課題1（第5節参照）

次のいずれかについて、この節での理屈に基づいて考えてみなさい。

1. 高齢化社会で、国民が貧しくなる理由。
2. トランプ大統領が中国や日本からアメリカへの輸入が増えて欲しくないと考える理由。

第3節 被災3県の復興状況

3.1 震災後のGDPの伸び率と産業別寄与度

被災3県（岩手、宮城、福島）の復興の状況を産業部門ごとのGDPの伸び率に着目して分析する。データとして内閣府『県民経済計算』の「生産側・実質：

表10-1 全国・被災3県産業別GDP寄与度

単位：%

	農林水産業	製造業	食料品	その他製造業	電気・ガス・水道・廃棄物処理業	電気業	ガス・水道・廃棄物処理業	建設業	公務	その他	GDP
全国	−0.09	2.42	0.20	2.22	−0.60	−0.52	−0.04	0.67	−0.08	3.69	6.02
岩手県	−0.15	0.89	−0.10	0.99	−0.26	−0.21	−0.05	9.16	0.30	4.43	14.37
宮城県	−0.44	3.05	0.17	2.88	−0.65	−0.50	−0.04	9.52	0.70	7.48	19.66
福島県	−0.50	−1.14	−1.74	0.59	−3.93	−3.77	0.03	7.34	2.16	2.97	6.89

（注）経済活動別県内総生産（実質：連鎖方式）−平成23暦年連鎖価格−。

（出所）内閣府『県民経済計算（平成18年度-平成28年度）（2008SNA、平成23年基準計数）』2018年より著者作成。
（https://www.esri.cao.go.jp/jp/sna/data/data_list/kenmin/files/contents/main_h28.html 2020年2月26日閲覧）

連鎖方式平成23年基準」を用いた(5)。

まず、2010年から2015年の全国と被災3県のGDPの動きを見る。この時期の全国の実質GDPの伸び率は6.02%、岩手県は14.37%（全国の2.39倍）、宮城県は19.66%（全国の3.27倍）、福島県は6.89%（全国の1.14倍）である。一見、各県も順調に震災からの復興を達成しているように見える。これは被災地の苦しい状況のイメージと食い違う。そこで、各県ごとに、いくつかの部門の成長率とGDP全体に対する寄与度を見てみる。寄与度とはある部門の成長が全体のGDP成長率に対する内訳を示したものである。すべての寄与度を合計すると全体のGDP成長率に等しくなる。

3.1.1 公共支出関連部門

どの県も建設業の寄与度が全国に比べ突出している。建設業のGDPの伸びへの寄与度は、全国が0.67%なのに対し、岩手9.16%、宮城9.52%、福島7.34%である。建設業以外の産業部門の寄与度の総計は、GDPの成長率から建設業の寄与度を差し引いて求められる。これは、建設業の伸び率をゼロとしたときの、GDPの伸び率を表している。これを計算すると、全国5.25%、岩手5.21%、宮城10.14%、福島–0.45%となる。つまり、建設業の伸び率がなければ、福島県はマイナス成長であることがわかる。経済全体で全国を大きく上回っていた岩手は、建設業の寄与度を差し引けば、ほぼ全国と変わらない伸びとなっている。

政府・地方自治体のサービス活動が含まれる公務部門が、全国の寄与度が–0.08%とマイナスであるのに対し、被災3県のいずれもがプラスである。このこと自体は、復興に際して様々な公共的サービスの需要が発生することから自然なことである。しかし、福島県の場合はGDPの成長全体に対して公務の寄与度が占める割合がとても大きい。福島は全体のGDPの伸びが6.89%なのに対して、公務の寄与度が2.16%である。つまり、公務の成長がなければ、GDPの成長全体のおおよそ1/3が失われる。建設業への需要も多くは公共事業に関わるものであると推測できる。福島は全体としては、全国を上回るGDPの伸びを外見としては達成しているが、実情は、公共支出に支えられてなんとか全国水準を保っていることがわかる。

3.1.2　震災の直接的影響

震災の直接的影響を被った部門を見てゆく。まず、電気業である。福島県の電気業のマイナス方向での寄与度は大きい。この値は、–3.77%である。この部門としての伸び率としては–57.26%で、この部門の生み出すGDPの半分以上が当該期間の間に失われたことを意味する。これは原発の停止の影響と推測される。

次に、製造業の食料品部門の成長率と寄与度を見る。成長率で見ると、全国6.90%に対して、岩手は–3.29%、宮城は5.34%、福島はなんと–40.47%である。いずれも全国の値より低く、岩手と福島はマイナス成長である。福島にいたっては当該期間で、部門内のGDPの4割が失われたことになる。これらは食品に関するいわゆる風評被害の影響が大きいと推測される。また、福島のこの部門のGDP成長全体への寄与度は–1.74%である。先に示した電力業の寄与度と合算すると、–5.51%である。全体の伸び率である6.89%の8割にあたる絶対値である。原発事故の福島の影響の大きさが見てとれる。

農林水産業はGDPに占める割合が小さいため、GDP全体への寄与度の絶対値はどうしても小さくなる。GDP全体への寄与度で農林水産業を議論することはあまり意味がない。そこで、部門自体の成長率を見てみよう。

農林水産業の全国の伸び率はマイナスである。つまり、農林水産業自体が衰退産業であることがわかる。しかし、それに加えて、宮城、福島は全国の2倍以上の落ち込みとなっている。宮城については、農林水産業のGDPの1/4以上が、福島については1/3近くが失われている。被災地の農林水産業に従事する人々の苦境が数字にも表れた形になっている。各県のこれらの部門の中で、全国平均を上回っているのは岩手、宮城の林業のみである。

表10-2　農林水産業の成長率

単位：%

	農林水産業全体	農業	林業	水産業
全　国	–8.91	–8.77	9.00	–19.91
岩手県	–4.14	–4.49	24.50	–25.34
宮城県	–25.36	–27.49	10.56	–27.13
福島県	–28.18	–27.24	–11.67	–57.43

（注）前掲書より著者作成。

3.2 シフトシェア分析

GDPの伸び率は産業部門ごとに大きな差がある。全国水準で農林水産業がマイナス成長であることはすでに見た。伸び率の低い産業部門、いわゆる衰退産業のGDPシェアが大きい地域は、各産業の伸び率が全国平均と変わらなくても、全体的な伸び率は全国平均のそれよりも低くなる。被災地のGDPの伸び率が全国よりも低いとしても、その原因がこうした産業構造（産業部門のシェア）に起因する場合、低い成長を震災のせいにはできない。

また、その地域の産業構造が全国とあまり違わなくても、その地域のある産業の伸び率が全国平均より著しく大きければ、地域全体の伸び率と全国の伸び率との差は大きくなる。こうした差はその地域の産業特有の事情によるものであり、震災の直接的影響が数値として表れることになる。

そこで、各県のGDPの伸び率の全国平均との差を産業部門のシェアが影響する産業構造要因と地域産業のGDPの伸び率が影響する地域特殊要因に分解するシフトシェア分析を採用する[(6)]。

3.2.1 シフトシェア分析（建設業を含む）

産業構造そのものとしては、岩手と福島は衰退産業の比重が全国より高く、いずれも産業構造要因がマイナスになっている。逆に宮城は産業構造要因がプラスである。いずれの県も地域特殊要因がプラスであり、そのことがいずれの県もGDPの伸び率が全国を上回ることに結びついている。

しかし、すでに見たように、このことは建設業の伸びの異常な高さに依存している。そこで、次に、建設業を除いた部門で集計したシフトシェア分析の結

表10-3　シフトシェア分析の結果（建設業を含む）

単位：%

	産業構造要因	地域特殊要因
岩手県	−1.30	9.66
宮城県	0.14	13.50
福島県	−2.85	3.72

（注）前掲書より著者作成。

果を見る。

3.2.2. シフトシェア分析（建設業を除く）

建設業を除くと、宮城県も産業構造要因がマイナスとなる。いずれの県も地域特殊要因の値が全体の集計値よりも小さくなっているが、岩手と宮城はプラスである。これらは震災の直接の影響の可能性は小さく、地域の企業の努力の結果であろう。全体としては、岩手と福島は公共部門の支出を取り除いても、ある程度順調な復興ができていると判断しうる。逆に福島はマイナスとなっている。震災の直接の影響といえる原子力発電の停止、食品の影響の大きさがうかがえる。しかしながら、製造業の食品部門、農林水産業の状況に見るように、復興から取り残された産業が宮城、岩手両県にあり、それがきわめて深刻であることも忘れてはならない(7)。

表10-4 シフトシェア分析の結果（建設業を除く）

単位：%

	産業構造要因	地域特殊要因
岩手県	–2.02	1.21
宮城県	–0.27	4.39
福島県	–3.36	–3.10

（注）内閣府『県民経済計算』の「生産側・実質：連鎖方式 平成23年基準」より著者作成。

アクティブラーニングとしての課題2

福島の宿泊・飲食サービス部門は分析した期間の成長率は、13.16%で全国平均の3.87%より高い。これは「風評被害により観光客が減っている」とよく言われていることと食い違うように思える。実際に福島の観光業は成長しているのだろうか。それとも、観光客が減っているにもかかわらず、この部門全体の成長率が低くならない理由があるのだろうか。グループで討論しなさい。

第4節 経済データによる分析の限界

最後に本章を含めた経済データ、とりわけ、生産量やGDPに基づいた分析の限界を取り上げる。

鬼頭秀一は「かかわりの全体性」という概念を提起する[(8)]。彼は人間の側の社会、経済、文化、宗教の各々システムが自然と不可分に関わりあった状態を「生身」、そのような全体性を失われた状態を「切り身」と呼び、環境問題の本質を「生身」が「切り身」化していくことと捉えている。自然科学や社会科学が「かかわりの全体性」を見逃してしまうと、「切り身」化を助長する傾向があることは想像しやすい。

この提起を社会科学の対象に議論を狭めて考えてみよう。社会はいくつかの家族、企業、教育制度、社会保障制度といった複数のシステムからなり、個人は複数のシステムの重なりの中で生きている。ある特定のシステムにおいて起こる問題の多くは複数のシステムとの関係から成立する。このことを見逃すと、問題の適切な解決の方向が見えなくなる。

複数のシステムの関わり合いにもかかわらず、経済データは経済システムの部分的な側面しか見ることができない。確かに、一定水準の物的な豊かさは

コラム 貧困の背景になる五重の排除

震災のような自然災害や最近の新型コロナウィルスの流行等は経済に大きなショックを与え、多くの人々を貧困に陥らせる。注目すべきは、所得の減少のみが貧困の原因ではないことだ。例えば、日本の社会ではシングルマザーは十分な所得を得ていても、貧困状態に陥りやすい。

湯浅誠は『反貧困』（岩波新書、2008年）の中で、所得以外に貧困を生み出す背景として、以下の「五重の排除」を挙げている（pp.60-61）。人々が複数の社会システムの中で生きていることがよくわかる。

①教育課程からの排除（具体的には、高卒か中卒であること）、
②企業福祉からの排除（正社員でないこと）、
③家族福祉からの排除（家族に頼れないこと）、
④公的福祉からの排除（失業保険、年金、生活保護などに頼れないこと）、
⑤自分自身からの排除（生きる意味を見出せなくなっていること）。

人々の最低限度の文化的生活を保障する必要条件ではある。このことは、東日本大震災のような人的・物的な大きな被害が発生した時重要性を増す。しかし、本来的な意味での人々の生活の復興は社会システムの全体性に関わる。被災地の人々が本当の意味で復興したといえるのは、震災によって失われた自然や社会との「かかわりの全体性」を再構築し得た時である。

そのような全体性を実感する方法の一つは、全体性を念頭におきつつ、現場の人々の生活に触れることであろう。本書は現場に即したすぐれたレポート・分析を多く含んでいる。読者にはそれらの章との関わりの中で本章の内容を吟味していただければ幸いである。

第5節 アクティブラーニング

経済学の学習の大事なポイントは普段の生活についての自己理解と経済学の理論をつなげることである。そのため、第2節では身の回りの商品について考えることを促した。教師が一方的にしゃべる形式ではなく、学生一人ひとりに考えさせることが重要であろう。

課題1は震災に直接関係あるものではないが、労働と生産物の結びつきを頭に置きながら取り組むことを狙っている。**課題2**はデータだけからは明確な答えが得られない課題を設定している。書かれた教科内容を身に付けるためだけならば、この手の課題を課すことは効率が悪い。また、一人で取り組めば多くの学生にとってお手上げである。しかし、そのような課題でこそアクティブラーニングの本領が発揮され、グループ学習では一人では難しい課題も取り組みやすくなる。

注

(1) 日本政策投資銀行『「東日本大震災資本ストック被害金額推計」について――エリア別(県別/内陸・沿岸別)に推計』2011年(https://www.dbj.jp/ja/topics/dbj_news/2011/html/0000006633.html、2020年2月26日閲覧)および、日本政策投資銀行『(別紙)推定資本ストック被害額』2011年(https://www.dbj.jp/topics/dbj_news/2011/files/0000006633_file1.pdf、2020年2月26日閲覧)。資本ストックの直接被害額の推計は2011年以降あまり活発におこなわれていない。2020年3月時点で内閣府の「都道府県別資本ストック統計」は2009年までしか公表されていない。

(2) Smith, A., “An Inquiry into the Nature and Causes of the Wealth of Nations”, edited by Edwin Cannan, Methuen, 1904年。大河内一男監訳『国富論1』中公文庫、2001年。原書初版は1776年。

(3) 前掲書（大河内監訳）、p.1。

(4) 前掲書、p.1。

(5) 統計上の不一致を考慮し、**表10-1**の各県のGDPは全産業の付加価値の合計から算出した。したがって、ここでのGDP成長率は、都道府県で発表されている値とわずかに差がある。

(6) シフトシェア分析については、たとえば、岡村與子「シフト・シェア分析によるリーマン・ショック前後の産業特化——製造業トップ7都府県を対象として」（『地域経済研究』第30巻、pp.47–60、2019年）のⅢ節を参照。

(7) この節のデータは県別・産業別のデータに基づいた。福島以外の被災県である宮城・岩手では全体としては復興がうまくいっているかのような結果が導かれた。しかし、市町村レベルでは、困難な課題を抱える市町村は多数あるであろう。地域を細かくすると、細かい産業別のデータは取りにくくなる。産業の分類を粗くすれば、市町村レベルのデータも利用可能である。市町村レベルの復興の格差の問題を扱うならば、そのようなデータを利用すべきである。

(8) 鬼頭秀一『自然保護を問い直す——環境倫理とネットワーク』ちくま新書、1996年。

第11章

岩手の水産業復興

—なりわいと地域社会の持続性—

杭田　俊之

第1節 はじめに

災害に備える防災という面では日常生活のなかに減災のための仕掛けを組み込んでおく必要がある。それでも災害は日常生活の基盤を破壊し、そこからの復興に多大なエネルギーを要する。ハード面の復興に加えて、ソフト面の復興は復興格差を生みながらより長期化する。さらに21世紀を迎えて平常時の地域社会のつながり、ネットワークによって支えられていることが高齢化と人口減少、地方からの若者流出などにより根幹的な機能低下にさらされている。それゆえ地域の持続可能性を考えるとき、われわれは「自分ごと」だけでなくさまざまな「地域ごと」への理解を深め、関わりを意識的につくることが求められるのではないだろうか。

東日本大震災によって多大な津波被害を被った岩手県三陸沿岸の水産業復興をテーマとして復興過程と当面の課題を検討していくと、その先には地域の持続可能性がいかにして存立するかという問いに行き当たる。海洋という生態系・海洋資源の変動や、災害など自然条件に大きく依存する水産分野の復興が直面する課題のうち本章では、「水産加工業の人手不足問題」と「沿岸養殖漁業地帯の担い手確保問題」を取り上げ、それをなりわいと地域社会の関わりとして検討していくことにしよう[(1)]。

水産分野に限らず、なりわいと地域の関わりを見れば、少子高齢化を伴う人口減少の基調が地域の持続可能性を脅かす問題の根幹に横たわっている。以前から続く高齢化の進行や少子化と若者の域外流出に加え、震災によって地域の人口流動が強いられたため、地場の水産加工企業や沿岸漁業の人手確保問題が深刻化している。その先には地域コミュニティの運営、将来の防災や福祉の体制づくりにまで機能低下の懸念が広がっている。

復興へ向かう三陸岩手の水産業の道のりを、人材確保策の取り組みという局面から取り上げるにあたり、地域ごとの社会的、制度的特質への理解が求められる。具体的には、この地域の水産加工の立地や経営に関する産業的特徴、あるいは世界三大漁場のひとつを臨んでリアス式海岸に分布する養殖業、漁船漁業、漁協制度を内容とする三陸沿岸漁業の特徴がそれである。またこの地域に強く表れるなりわいと居住コミュニティの空間的な強い結びつきには十分注意を向ける必要がある。そして展望的なことを述べておけば、現状と今後の取り組みとして復興の遂行へと向かうために必要なことは、産業やなりわいに向けられた政策が単に産業支援・サポートのための施策に終始するのでなく、地域づくりの観点から地域社会の持続可能性を求めるような異分野連携であることを指摘しておこう。

第2節　水産加工業を巡る被災地の労働市場問題――●

2.1　水産加工業現場労働の「セグメント化」

本節ではまず、岩手県沿岸南部の釜石・大槌地域の調査事例によって、雇用の場の流出から沿岸立地する水産加工企業群の操業再開、それに続く人材不足問題の顕在化を追っていこう[(2)]。

中位の水産都市である釜石市は、沿岸漁業、漁協定置からの水揚げに加え、ときどきの廻来船水揚げがある魚市場の整備・再建を進め、魚市場の後背地に水産加工企業立地地区を整備し、製氷施設の強化や冷凍倉庫の拡充など物流強化の対応を復興取り組みのなかで実現してきた。隣接する大槌町でも水産加工企業の誘致が推進され県外からの企業立地も目立つようになっている。ただこの地域の被災前の水産加工業現場労働の人材供給について、その部分労働市場は、①性別と年代、②居住地、③魚食文化との距離によって「セグメント化(3)」されていることが調査の結果判明してきた。従来この産業の現場は、家計補助的位置づけの就労機会であり、地元中高年の女性労働職場であるという来歴をもつ。重ねて家事労働の支柱的担い手という役割を負う女性にとって好都合な近隣前浜に立地する所得機会としてその雇用が存立してきた。単純労働とみられがちな水産物の加工作業には水仕事、立ち仕事、臭いが伴う3Kイメージがある一方で、仕事の手際良さといった熟練が要求される。このような仕事は前浜の漁労文化に生い立ちをもつものにそれほど抵抗はないが、外部の人間には特殊な仕事世界に見えるものである。このセグメントの概念図は地域の事情も

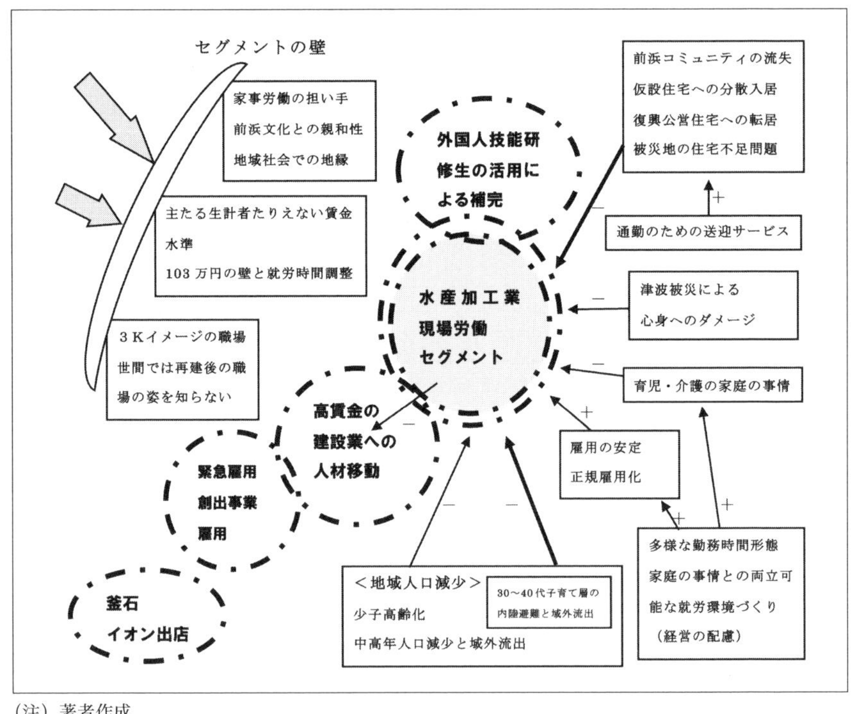

（注）著者作成。

図11-1 「水産加工業現場労働セグメント」概念図

含めて**図11-1**のように描くことができる。

東日本大震災以前には人口減少と低い有効求人倍率の併存という状況にあったこの地域で、震災直後は雇用の場の再生が喫緊の課題とされたが、グループ補助金の活用等により事業場施設・設備が再建されるとともに有効求人倍率の急上昇と人材不足に見舞われることとなった(4)。この地域の水産加工企業群は、2011年度のうちに震災復興のための補助金制度や融資制度を利用して事業再建に乗り出し、2012年度中には操業開始できたところが多い。当初の課題は、販路開拓、風評被害克服、原料調達等とされたが、もう一つの問題として2012年半ばから本格的に人手不足感が顕在化して今日に至っている。

2.2 就労者のライフサイクルと水産加工業現場労働

この水産加工業現場労働セグメント分野のハローワーク求人への応募は、2012年後半から激減していく。その雇用形態は震災前との連続性を保ちつつ募集表現は正社員、正社員以外、パートなどと種別があるものの基本的に内実は日給月給を給与条件としている。給与テーブルのある正社員とは区別され、かつて「女工さん」と呼ばれたが、今日企業内では「ワーカー」「準社員」「協力社員」など名称を変えている。日給月給のフルタイム（8：00～17：00）で働く勤務形態を基本として、家庭の事情に合わせて始業時間が遅かったり、終業時間が早かったりする勤務形態も比較的制度化されている。期間の定めのない雇用であるが、世帯の主たる稼ぎ手ではなくパート従業の形態も多くみられる。賃金水準については社会保険の関係からパート103万円の壁が強く意識され、勤務日数の調整が行われることが多い。

震災以前を考えるとこのような雇用条件・形態は労使双方の都合が合致して制度的に「ロック・イン」している状態である。経営側から見ると、勤務日・労働時間の変形や大きな責任を負わない雇用を認める代わりに、昇給のない低位の賃金水準で人材確保を行ってきた。労働側からすれば、家庭の事情と両立する働き方を選択しつつ、子どもの教育費用などのため収入を確保でき、それも社会保険の制度的要因が収入の上限に蓋をする形になっていた。

水産加工業現場労働の特徴をまとめると、①前浜に居住していた50代、60

代の女性を主たる担い手とし、②家計補助者として日給月給の時間単位で所得を得ている。③労働環境はやはり水仕事、立ち仕事、力仕事の側面は残るが、衛生管理の徹底、カイゼン(5) 取り組み、機械による代替等の変化が進行している。そして、④労働従事者たちの来歴と地域コミュニティの背景は、水産業や魚食と親和的なものである。

2.3 地域における人材供給の今後

しかしながら地域におけるこのような人材供給が継続する見込みはない。なぜなら一つには浸水域となったかつての前浜居住地区は非居住区域に指定され、内陸避難や長期間の仮設住まいののち、自力再建や復興公営住宅への分散入居によって自生的な互助的ネットワークが失われているからである。また一つには地域人口の減少が進行して魚食親和的な文化が継続しようと就労に向く人口グループの縮小が進行するからである。次の**表11-1**にあるように、2010年時点で50～69歳の人口グループは約6300人であるが、2025年には約4000人まで減少する。

被災地での人手確保の困難は水産加工のほかに、建設業、小売業、医療・介護の四分野が顕著であった。一般的にはこれを雇用のミスマッチというが、水産加工分野の場合、地域の前浜文化との結びつき、地域のコミュニティ形成との関わりが大きい。2013年度になると行政サイドから人材確保のための雇用対策が検討されるようになった。三つの柱はそれぞれ、①地域内での労働力の掘り起こし、②域外からの労働力の確保、③生産工程のカイゼン・省力化であった。①については企業見学会等によるマッチング支援やイメージアップ広報による「労働力確保策」が進められた。しかし先に述べたセグメントの壁によって十分な成果をえられたとは言いがたい(6)。②については首都圏等からのI・Uターン移住者がみられたが、大卒者などで現場労働の人材ではなかった。③については粘り強く生産性の向上に向かう取り組みがみられているが、原価に占める原材料費率が高い水産加工分野において人件費への配分を大きく動かすことは容易ではない。

被災地の常識からすれば開きが大きすぎて検討の俎上に載らないのかもしれ

表11-1　釜石市女性の五歳階級別人口推移（推計）

女	2010年	2015年	2020年	2025年	2030年	2035年	2040年
総数	21,031	18,703	17,120	15,486	13,917	12,456	11,128
0～4歳	626	522	431	374	339	313	287
5～9歳	732	598	508	419	364	329	305
10～14歳	805	694	576	489	404	351	318
15～19歳	680	664	610	506	430	354	308
20～24歳	535	524	566	520	431	366	302
25～29歳	694	565	551	594	546	455	388
30～34歳	897	657	547	535	576	530	442
35～39歳	1,058	848	637	531	520	560	515
40～44歳	1,109	997	818	615	513	502	540
45～49歳	1,129	1,061	974	800	602	502	491
50～54歳	1,191	1,065	1,032	948	779	586	489
55～59歳	1,614	1,131	1,040	1,008	926	761	573
60～64歳	1,727	1,517	1,099	1,012	982	903	742
65～69歳	1,780	1,632	1,473	1,068	985	957	881
70～74歳	1,844	1,608	1,546	1,397	1,015	937	911
75～79歳	1,871	1,593	1,475	1,424	1,288	939	868
80～84歳	1,413	1,508	1,366	1,273	1,241	1,124	824
85～89歳	846	938	1,114	1,025	968	960	873
90歳以上	480	581	757	948	1,008	1,027	1,071

（出所）国立社会保障・人口問題研究所『日本の地域別将来推計人口』（2013年3月推計）。http://www.ipss.go.jp/pp-shicyoson/j/shicyoson13/3kekka/Municipalities.asp

ないが、高校卒業時に地域から大量に流出する若者の雇用の受け皿化を模索する時期に来ている。具体的に言えば、問題の焦点になるのが今後の雇用に給与テーブルとキャリアパスの設計を構想することであろう。これは外部に人材を求めるにしろ、地域内部の若者をターゲットとするにしろ、結婚や育児・介護を含む家族形成を展望できるライフステージの見える化を構想することである。すなわち雇用する人材を労働力とだけみなすのではなく、地域のなりわいとして地域づくりの一翼を担うことが求められる。

第3節 岩手県における沿岸漁業の復興と新規漁業担い手確保問題

3.1 水産復興と漁業就業者の現状

岩手県の水産復興状況の概要は、2018年度水産白書によると次のようなものである。水揚げ金額は2010年比で79％(152.5億円)、数量で62％(8万6000t)と2010年代後半は停滞が続いている。漁港、特に岸壁の陸揚げ機能は2015年度末にはほとんどすべての漁港で回復を果たしている。また漁船も計画に沿って整備し、復興4年目の2015年度に90％以上の回復となっている。このように漁船、漁港の整備はほぼ終了し、水産加工施設についても整備が終わっている一方、水揚げは魚価高騰のなか数量で頭打ちとなり、養殖漁業では岩手の主力であるワカメ、コンブ養殖とホタテ、カキ養殖は2015年まで回復基調であったがこの数年一進一退を繰り返し、震災前の水準には及んでいない(7)。

岩手県の漁業就業者数は、1978年には2万人を超えていたが、2008年には1万人を割り込み、震災後の2013年で6289人、2018年は6330人とおよそ7割にまで減少している。震災がこの現象を加速するとともに、漁業就業者の高齢化も進行し、60歳以上の構成比は震災前の2008年の時点ですでに過半を占めるに至っている（**表11-2**）。

本節では、沿岸漁業の基盤である漁村コミュニティの現況と岩手県での「漁

表11-2　岩手県男女別年齢階層別漁業就業者数の推移

年	計	男						女	男60歳以上の割合
		小計	15～24歳	25～39歳	40～59歳	60歳以上	うち65歳以上		
1984	19,420	16,050	920	4,520	7,730	2,880		3,370	17.90%
1988	18,385	15,053	879	3,543	7,433	3,198		3,332	21.20%
1993	15,141	12,408	393	2,216	6,115	3,684	2,055	2,733	29.70%
1998	12,443	10,263	191	1,462	4,550	4,060	2,468	2,180	39.60%
2003	10,472	8,511	196	972	3,526	3,817	2,707	1,961	44.80%
2008	9,948	7,800	177	830	2,875	3,918	2,871	2,148	50.20%
2013	6,289	5,357	140	555	1,915	2,747	1,864	932	51.30%

（出所）東北農政局岩手統計情報事務所『岩手県漁業の動き』、農林水産省『漁業センサス』。

業復興担い手確保支援事業プログラム」の事例から浮かび上がる諸問題を取り上げることにしよう。

3.2　被災後の岩手県における新規就業・漁業担い手確保事業の動向

岩手県における近年の新規就業・漁業担い手確保事業は水産庁施策として行われてきたが、東日本大震災を受けて復興事業に位置付けられ、2012～15年度は「漁業復興担い手確保支援事業」として復興庁予算枠の東日本大震災特別会計に一本化されてきた。研修期間が2年あり事業終了は2018年3月であった。その後は全国版の「新規漁業就業者総合支援事業」(2017～21年度の計画予定）に移行している。また岩手県でも対策として「岩手県漁業担い手育成ビジョン（2016～19年度)」(2016年）が取りまとめられ、2019年4月から岩手水産アカデミーが開講され、研修者が入学している。

岩手県における新規漁業就業者数は、年度によってばらつきはあるが2000年代以降30～60名の間で推移している[8]。漁家子弟による継承だけでは担い手確保が十分でないので、未経験者の新規就業を施策の枠組みに入れている。新規就業対策の基本的な流れは、①情報提供→②面接→③体験機会→④漁業研修→⑤就業というものである。そのための体制整備は構築段階にあるといってよいであろう。①情報提供は「全国漁業就業者確保育成センター」などがWebで広報し、「漁業就業支援フェア」を開催して情報提供を行っている。このフェアは東京を中心に主要都市で開催され、そこに研修の受け皿となる漁業経営体がブースを出しているので、②顔合わせを含む面接や③体験機会の勧誘などが行われている。この段階のマッチングがうまくいくと受け入れ漁家（親方）を決めて、④漁業研修の実施に入る。研修にあたっては、「漁業復興担い手確保支援事業」ないし「新規漁業就業者総合支援事業」の制度を利用して2年間の研修期間となる。

研修は**表11-3**のように、当初は漁家子弟に限って実施されたが2012年以降は漁家子弟と未経験者の両方に対して研修事業を実施している。2011年度から2017年度までの研修者内訳は、漁家子弟87人、未経験者78人となってい

表11-3　年次別研修事業開始人数

	2011年度		2012年度		2013年度		2014年度	
	漁家子弟	未経験者	漁家子弟	未経験者	漁家子弟	未経験者	漁家子弟	未経験者
大船渡地区	1	0	9	8	9	10	6	6
釜石地区	1	0	2	0	1	1	4	5
宮古地区	2	0	2	1	0	5	10	3
久慈地区	1	0	2	0	2	3	2	2
計	5	0	15	9	12	19	22	16

	2015年度		2016年度		計	
	漁家子弟	未経験者	漁家子弟	未経験者	漁家子弟	未経験者
大船渡地区	5	9	1	3	30	33
釜石地区	4	8	0	3	12	14
宮古地区	15	0	3	4	20	9
久慈地区	3	6	2	1	10	11
計	27	23	6	11	81	67

（注）2017年4月1日現在で、研修中の人数は39人。公益財団法人岩手県漁業担い手育成基金の資料より著者作成。

る[(9)]。研修内容の内訳をみると、漁家子弟の場合、漁船と養殖（9人）・漁船のみ（31人）・養殖のみ（39人）・定置（10人（定置と養殖の組み合わせ2人を含む））となっている。漁家子弟の場合は自家の漁業種に合わせて研修を受けていると考えられる。他方、未経験者は、漁船と養殖（7人）・漁船のみ（44人）・養殖のみ（13人）・定置（17人（定置と養殖の組み合わせ3人を含む））となっている。未経験者が漁船漁業に傾斜するのは、雇用関係のもと数名のグループで操業する経営体が担い手を求め、新規就業が雇用型になるという事情によるものであろう。養殖漁業分野で研修後自立経営を希望する場合、漁業者として独立し、定着するにはさまざまな条件をクリアしなければならない。また諸般の事情で研修が2年間継続しない場合や、研修を終了しても着業に向かわないケースが少なからずある。この点は個別の事情によるものや漁労作業の特性によるものもあるが、水産行政の枠組みとしてはあくまでも支援制度であり、生身の人間が移住して地域コミュニティとなりわいに定着するには、総合的な施策対応が必要なことを示している。

3.3 漁業就業までのマッチング問題の検討

新規就業希望者にとって、受け入れ漁家のもとでの漁業研修がなりわいとしての漁業という仕事と地域の漁業者集団、そして地域コミュニティとのマッチング過程を意味している。そのなかで着業に必要な取得資源は大きく大別して、①権利許可・人間関係、②漁業技術・漁船資材、③生活環境・住居に分けられる。

権利許可・人間関係について、受け入れ漁家の指導者（親方）との良好な関係形成はもちろん重要であるが、実際の漁労作業に従事するなかで漁場の利用や海上・陸上での浜のルールを理解し、身に着け、漁師集団から仲間として認知されるなどインフォーマルな領域も含めて認められなければ、組合員資格を取得することができない。これまで地域の漁家のなかで継承されてきた漁業協同組合員のメンバーシップを外部人材に開くには、一定の目安が必要であるが前例の蓄積が薄く、受け入れ側も体制が十分でない浜が多い。

就業希望者にとって研修という制度から技術取得にばかり目が向きがちであるが、あくまで必要条件ということである。研修期間の２年は十分な長さでなく、浜ではよく５年はかかると言われる。2019年度に開始の岩手県が主管する水産アカデミーは共同研修を定期的に実施し、研修者の視野を広げ、漁業への理解を深める試みとなっている。これまで受け入れ漁家任せだった点を考えれば体制整備が始まったと評価できる。ただし自立型の着業を目指すには漁船の取得や漁具資材の調達には多大な資金が必要になるので、個人や漁協任せではなかなか解決できない問題が目立っている。

現在のところ沿岸漁業は家族経営が基本単位となっているので、組合員資格の前提となる居住地の問題も含めて、婚姻や血縁関係で継承されてきた漁村コミュニティのメンバーシップのなかに漁業未経験の移住者がどのように溶け込むかという問題も大きい。

漁業従事者の高齢化と減少、新規就業者の不足という現状に対して新規漁業担い手確保策が労働力の補充という観点だけで進められるならば、漁業に意欲をもって研修事業に入ってきた就業希望者が着業に至るまでにはかなりの困難が存在している。行政サイドからは漁協組織と連携を取りながら、かつ地域コミュニティの多様性と特性を把握しつつ、水産行政の研修事業に連携して漁家経営・資金調達に関する対応、住宅確保を含めた移住政策対応等を合わせた総合事業化の必要がある。また地域への受け入れは、漁協と町内会や集落が連携して従来の地域ルールの見直しを行い、地域づくりの視点から移住者受け入れの受け皿作りが必要となろう。

第4節 おわりに

被災地各自治体では移住・定住促進施策が施されている現状であるが、人手確保に関する地域労働市場政策や漁業担い手の確保政策が分野ごとの施策枠組みを出ていると言えず十分な結果を残していない。ソフト面での復興の最終段階に差し掛かった今日、従来の慣習やルールの見直しを含めた地域づくりに打って出なければ、地域社会の持続性はとても危うい。

水産業の分野で取り上げた水産加工業、沿岸漁業いずれにおいても、ハード面での震災からの復旧・復興への対応は、いまだ販路・原料、水産物水揚げなど問題が残るものの一定の到達点に達している。他方、産業・なりわいにおける人材・担い手確保について言えば、既存の経営慣行、ルール、制度の弾力的運用や再構成を必要としていて、そうした意味で地域コミュニティ・地域社会の持続可能性条件の核心部を構成している。ソフト面での復興はまだ果たされたと言えず、何をもって「復興」とするのかを地域づくりという視点から見直し、理解と検討を深めなければならないだろう。

第5節 アクティブラーニング

以上の内容を受けてグループ討議をする場合には、次のような課題が考えられる。

課題1

「部分労働市場」が成立しているということは、特定の職種と他の雇用のあいだに人材の流動性がない状態をいう。**図11-1**を参考にしながら「水産加工業現場労働 セグメント」の特徴について話し合って問題点を明確にし、新たな人材を確保するために必要な条件を「就労者のライフサイクル」という観点から話し合ってみよう。

ヒント

岩手県では、①地域内での人材の掘り起こし（企業見学会、イメージアップのキャンペーン）、②外部からの人材導入（IUターンの呼び込み、外国人技能実習生の増員）、③生産性の向上取り組みを対策として掲げたが、外国人技能実習生の増員を除いて顕著な成果を得られていないことも参考にしてほしい。

課題2

沿岸漁業の新規漁業担い手確保問題では、なりわい（職）への参入と地域コミュニティへの定着（住）との関係を取り上げたが、中山間地域や地場産業地帯においても同様の問題は起こっていないだろうか。他方、都市部において「職」と「住＝地域づくり」の関連が比較的希薄に見える理由を話し合ってみよう。

注

(1) この地域の就労人口のうち、第一次産業に分類される漁業には約5%、第二次産業に分類される水産加工業に約5%を占めている。地域内産業連関を考えると水産が地域の柱であることは今日においても維持されている。

(2) 釜石・大槌地域の水産加工業分野の労働市場については、全労済協会の調査委託研究（杭田俊之『東日本大震災被災地における水産業中小企業と地域雇用の再生──釜石・大槌地域の事例より』公募研究シリーズ59、全労済協会、2016年）を参照されたい。https://www.zenrosaikyokai.or.jp/library/lib-invite/page/2/

(3) 分断や断片化を意味する「セグメント」という概念により、完全流動的な労働市場に対置される、ローカルで選別的な部分労働市場を水産加工業現場労働セグメントとして立てることにした。労働作業の特殊性と地縁的就業によりセグメント外部の就労が志向されず、また水産加工の３Ｋイメージと水産物の特徴から外部参入に壁があることから固有のセグメントが成立したと考えられる。

(4) 釜石・大槌地域を括りとした釜石公共職業安定所調べによる有効求人倍率は、震災直後の2011年4月に0.2までいったん落ち込んだあと上昇し、2012年7月には1.0を突破して一時1.5を超え、今日まで高水準で推移している。

(5) 「カイゼン」はトヨタ生産システムの生産性向上取り組みのことを指す。震災後岩手県の求めに応じてトヨタグループは、沿岸の水産加工業・漁業の現場に入って生産性向上のための指導・コンサルティングを行っている。

(6) とはいえ、釜石公共職業安定所が岩手県広域沿岸振興局、釜石市、大槌町、岩手大学等と雇用問題情報交換会を毎月の雇用データ公表に合わせて開催し、問題検討を続けた。岩手県では短時間勤務採用を経営に提案し、「プチ・勤務」募集として一定の成果を得たことを指摘しておく。

(7) 『平成30年度水産白書』によると、岩手県・宮城県で「再開を希望する養殖施設は29年6月末に全て整備完了」している。対2010年比で見ると、銀ザケが2017年漁期で91%まで回復しているものの、ワカメ79%、カキ62%、ホタテ46%、コンブ45%となっている。

(8) 就業者が少なかった年では2003年が32人、そして震災後の2012年に25人、2013年31人である。多かった年は2007年62人、2009年77人である。いずれにしても漁業者の減少を止めるにはギャップが大きい。

(9) 集計人数は復興スキームのものであり、事業終了が2018年3月であった。資料は公益財団法人岩手県漁業担い手育成資金からの提供である。

参考文献

加瀬和俊『沿岸漁業の担い手と後継者――就業構造の現状と展望』成山堂書店、1988年。

杭田俊之「震災からの水産加工業と地域雇用の再生」『農業市場研究』第26巻第4号、pp.26-32、2018年。

杭田俊之「岩手県における新規漁業就業のケーススタディ――現状と定着のための課題」『日本漁業』第46号、pp.48-56、2018年。

濱田武士『漁業と震災』みすず書房、2013年。

第12章

新しい海街を描く難しさ

―宮城県南三陸町より―

鈴木　清美

第1節　はじめに

2015年11月に富山大学において、東日本大震災で壊滅的被害を受けた宮城県南三陸町の4年目までの状況と、その時点で見える課題について講演を行った。まずその内容を紹介し、次に現在の課題と南三陸町第2次総合計画について述べる。

震災で亡くなられた800余人の方々や、内陸部に避難されそちらに転居された方々を合わせると、震災の年の1年で2000人ほど人口が減少した。

8年経過した2019年末現在には、1万2691人（住民基本台帳）と公表されており約5000人減少したことになる。震災がなかったとしても人口減少は進んでいたはずだが、震災による影響は計り知れず、それぞれの家庭が抱える暮らしの再建に関わる諸事情を考えると、今後は、予測以上に南三陸町の人口は減少するのではないかと思われる。

第2節 宮城県南三陸町東日本大震災4年目状況[1]

2.1 産業

震災前の南三陸町は比較的高い就業率（男性90%、女性75%）であり、町内の漁業関連に従事する方が多かった（漁業17%、製造業16%、小売業13%）。しかし、震災直後、事業所数は853から251に激減、従業員数も5591人から2571人へと半減した。

2.2 人口

2011年2月末では1万7666人だった町の人口が、震災で831人が犠牲になった影響が大きく、同年9月末時点では1万5601人（町外避難者含む住民登録者数）に減ってしまった。2014年8月末には、転職や子供の進路等家庭の事情で都市部や隣市へ転出された方が増えたこともあり、1万4316人に減少した。

2.3 避難所そして仮設住宅での暮らし

被害を受けた事業所を再建するには、ある程度の期間と費用が必要である。従業員は一旦解雇され、半年間の失業保険を受給しながら避難所生活を続けた。避難所から仮設住宅に移れたとはいえ、長期にわたる無収入状態では生活が困窮するので、ハローワークを通じ新たな雇用先を求める方が少なくない。さらに、子供たちの通学や進路を考え、生活の拠点を内陸部に移す家族が増加しているのが現状である。

2.4 高台移転

真夜中に同規模の津波が発生しても住民が避難しなくてもすむように、南三陸町では、浸水域には住宅を建てない「高台移転」と「職住分離」（図12-1参照）を推進した。

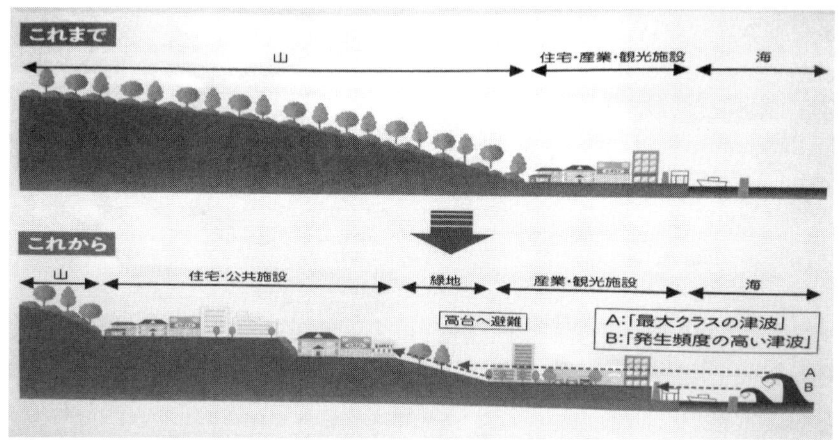

（出所）南三陸町『南三陸町震災復興計画・絆――未来への懸け橋』2011年12月26日策定2012年3月26日改訂、p.32。

図12-1　高台移転と職住分離

もともと平地の少ないエリアだったため、三方の山（丘）に住宅用地を造成する事業を始めた。防災集団移転事業と都市区画整理事業を併せて行う大規模工事となるのだが、山地を買い上げるための所有者同意取得手続きや埋設されている文化財の調査等に時間がかかった。2014年度から災害公営住宅が順次完成、抽選により入居可能となった（第4節参照）。

2.5　通院や買い物

公立志津川病院は、ベイサイドアリーナ駐車場に設置した仮設の診療所を活用、入院患者については「登米市立よねやま診療所（登米市米山町）」の一部を借りていた。地域医療の充実を図るため2015年11月までに開院する予定の計画を立てた。建築費の一部約22億円は台湾赤十字からの指定寄付を受けて2015年12月14日、予定通り開院した。

地域住民にとっては欠かせない、毎日の食材や生活用品などを購入できるスーパーマーケットの再建も待ち望まれていた。震災前も営業していたウジエスーパー（本部登米市）が2017年3月の再開を目指していたが、2017年7月、予定より半年ほど遅れて開業した。

仮設のさんさん商店街は、八幡川堤防の工事および旧市街地嵩上げ工事が終了する段階で移設され、本設の商店街として整備される計画だったが、2017年3月3日（さんさんの日）にオープンした。

2.6 被災地ボランティア

ボランティアセンターは2015年度に終了となったが、延べ13万5千人を受け入れてきた。当初は、壊滅的被害を受けた市街地の住宅等の片付け（がれき撤去）や、側溝、農地および海岸清掃に汗を流していただいた。一方、被災した家族にとっては大切な思い出の品（写真や位牌など）を探し出す取り組みを行う方々もおられた。ボランティアセンターが解散しても、様々な縁は繋がっており南三陸町を訪れて支援や助言を行う方々は多く、2015年4月に「南三陸町応援団」が開設されたことを機に新たな交流も生まれている。

第3節 東日本大震災4年目以降の課題

3.1 産業

南三陸町の事業者数は、2014年には329まで回復したが、再雇用を待っていた従業員の多くがすでに他社に転職しており、現在も、特に若い世代の人材不足に陥っている。一方、ボランティアで何度も足を運んでいた方々が南三陸町を気に入り、移住や起業を考えるようになっている。

3.2 人口

震災がなくても人口減少は続くと考えられていたが、震災後の諸事情でその下降割合は予測以上となっている（図12-2参照）。2011年12月に策定した震災復興計画では、町外への転出者を考慮しても2023年（震災後10年・まちびらき宣言予定）には1万1000人程度になると予測されている。

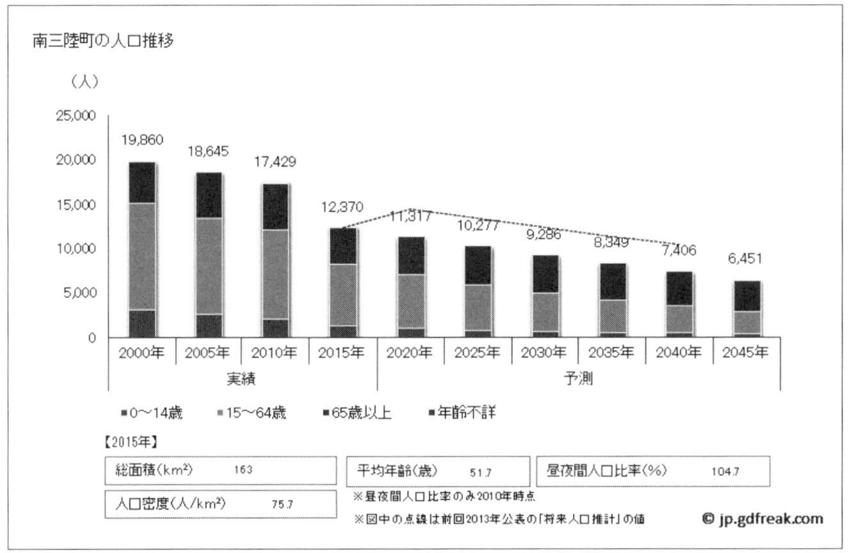

(出所) 総務省『国政調査』及び国立社会保障・人口問題研究所『将来推計人口』、総務省『住民基本台帳』に基づく人口、人口動態及び世帯数を基にGD Freak ! (https://jp.gdfreak.com) が作成。

図12-2 南三陸町の人口推移予測

3.3 仮設住宅から終の棲家へ

不自由な仮設住宅あるいは他市町村でのみなし仮設住宅で生活する町民の多くは、新たな住居や街の早期完成を待望しながら、新たな隣近所の方々との日常生活の中で、生活支援員からの見守り、アドバイス等を受けていた。集会所等では、連日多くのボランティア(団体・グループ・学校)が「お茶っこ」等のイベントを企画、開催して住民との交流を楽しんでいた(**図12-3**参照)。

一方、町の復興事業や公営住宅の整備計画、様々な制度についての情報は、住宅移転に関する個別相談会(集会所等で開催)や『まちづくり通信』(毎月発行、全戸配布)あるいは南三陸町HPにて確認することができていたが、なかなか進展しない状況に焦りや不安を感じる方々が多かった。

（注）2015年2月16日筆者撮影。立教大学学生ボランティアと地域住民との交流活動（お茶っこ）。

図12-3　歌津地区仮設住宅内「あづまーれ」の様子

第4節　東日本大震災8年目、新たな暮らしと課題──●

4.1　高台移転

2017年1月、志津川地区中央団地が完成し、防災集団移転促進事業が完了した。この事業では、20地区28団地827区画が整備されたが、14団地113区画、13.4％が契約されず空き地のままである。

また、3月には災害公営志津川中央住宅が完成し、これをもって、災害公営住宅整備事業が完了となった。仮設住宅入居時に実施されたアンケートから完成まで約6年経過したことから、完成しても町に還れず入居をキャンセルする世帯も少なからずあった。

災害公営住宅整備事業として8区画738戸の災害公営住宅（マンションタイプと戸建てタイプ）が完成したが、当初は入居希望をされていたものの、家族の高齢化や就職等の事情により91戸（世帯）が未入居となっている。

（注）2019年4月16日筆者撮影。高台移転した住民が災害公営住宅の前に整備された小さな公園でグラウンドゴルフを楽しむ光景。

図12-4　南三陸町志津川東団地の様子

4.2　なりわい

商工業は、震災により473事業所が被災し、廃業を余儀なくされた事業所は157に及ぶ。現在265事業所が再建もしくは準備中である。

農業では、震災被害面積は462haに上った。災害復旧申請が354haであったが、復旧対象面積として246haが認定された。自力復旧22haを除く224haはすべて着手済みである。

水産業では、2016年5月、HACCP対応[(2)]の高度衛生管理型「南三陸町地方卸売市場」が完成した。以下、震災前と最新の比較を紹介する。

町が管理する漁港は、被災19港全て復旧工事に着手している。2194隻あった漁船は津波でほとんど流失したが、各地からの支援・応援を受け現在約1000隻程度に増えてきている。

志津川湾での養殖では、2009年度の売上高約41.3億円に対して、2016年度は約35.8億円である。一方、魚市場の水揚量は、2009年度は8484tであったが、2016年度では5112tとなっている。ただし、取引額は、2009年度は約17.1億円であったが、2016年度では約16.8億円である。また、南三陸町で最も漁獲量が多いとされるシロザケに関しては、安定的永続的に行うため八幡川と水尻川に孵化場が再整備された。

4.3　にぎわい

観光業では、震災が発生した2011年は、観光客入込数が約36万人まで低下したが、2012年時点では約90万人と震災前の9割程度まで回復した。2014年に80万人を切ったものの、翌2015年からは再び回復傾向となっている。

三陸道（高規格自動車専用道路）が延伸し、外国人の来町（インバウンド）にも期待がかかる。南三陸町志津川で行われている「復興市」のほか、歌津や戸倉でもほぼ毎月イベントが開催されている。

4.4　暮らし

新たな生活圏に慣れ親しむには相当な時間を要すると危惧されてはいたが、住民主体の自治会組織もでき、LSA（ライフサポートアドバイザー）による住民交流活動や生活相談が展開されている。

しかし、災害公営住宅で暮らす方々の高年齢化は深刻で、高年齢の独居や夫婦のみの世帯にとっては暮らしにくさが浮き彫りになりつつある。

当初「コンパクトシティのまちづくりを目指す」とも言われていたが、災害公営住宅も自宅再建エリアも高台になってしまったので、スーパーマーケットやさんさん商店街、病院や役場、さらには友人知人宅への訪問なども徒歩では難しくなってきており、公共交通機関の整備や移動支援、買い物難民などへの対策が急がれる。

JR気仙沼線は、鉄路復旧が困難な状況が続いており、レールを外した路線を代行バス（BRT「バス・ラピッド・トランジット＝バス高速輸送システム」）が運行している。

2016年、南三陸町地域包括ケア推進協議会が発足し、行政や社協（社会福祉協議会）だけでなく地域住民や各種団体が連携・協力し、一体となって推進する活動も展開している。志津川東地区復興団地には住民交流拠点施設「結（ゆい）の里」(志津川デイサービス併設)が完成し、様々な交流活動や住民支援を行っている。

第5節　南三陸町第2次総合計画

南三陸町復興計画(2007〜2016年)を基に、復興後を見据えた新たなまちづくりの指針として南三陸町第2次総合計画(2016〜2025年)が策定されるのだが、自立的で持続可能な地域社会の構築には、町民主体の検討が欠かせないとして震災復興計画推進会議が発足した。筆者もその一員として約2年携わったが、最終的に「住環境の向上に関する提案書」として取りまとめ、2016年3月策定の南三陸町第2次総合計画にも盛り込まれた。以下、提案書の注目点を述べる。

5.1　まちの将来像

第2次総合計画では、「2-1　基本構想」として、まちの将来像を「森里海ひといのちめぐるまち　南三陸」と定めている。

◎森里海：分水嶺に囲まれた本町は、森林から湧き出た水が川を通り、志津川湾に続いています。その流れの中に人々が生きる里があり、南三陸の人々の営みは森・里・海のつながりそのものです。

◎ひと：子供からお年寄りまで様々な年代のひとがいて、それぞれが南三陸の地で地域の一員として活躍するとともに、生きがいをもって自分らしく豊かに生活しています。

◎いのちめぐる：南三陸の大自然やそこに生きるひとのいのちは、森・里・海のつながりの中で巡り、新しいいのちとなって再び南三陸の地に帰ってきます。

多くの町民が南三陸町が分水嶺の地形であったことも、志津川湾が貴重で豊かな資源の宝庫だったことも、震災をきっかけに学んだ。そのような自然環境を大切にしながら人と人とのつながりを密にして、新しいまちづくりに取り組んでいかなければならないと思う。

5.2 南三陸町ブランド

計画では、五つのリーディングプロジェクトが描かれている。そのうちの一つ、「南三陸ブランド構築プロジェクト」の一環として、林業や養殖業での新たな取り組みが始まり、以下のような、森と海両面で国際認証を取得したことは特筆すべきことだろう(3)。

◎FSC認証(4)（2015年10月取得）

町・慶應義塾・地元林業家が南三陸森林管理協議会を設立。適切に管理された森林であることを認める国際的な認証制度により、南三陸町の町有林など1300 haの森林がFSC認証を取得した。

◎ASC認証(5)（2016年3月取得）

過密養殖だった志津川湾戸倉エリアの復旧復興に新たな取り組みを導入した結果、作業環境が著しく改善された上、良質の牡蠣を生産することができた。海の資源を守って生産された養殖水産品であることを認める認証制度を取得した。

◎ラムサール条約(6)（2018年10月登録）

暖流と寒流が交じり合う特異な環境で育つ海藻、海草、海洋生物そして水鳥（絶滅危惧種・コクガン越冬）の生息地としての志津川湾を保全、持続可能な利用＝ワイズユースを促進する。海藻藻場のカテゴリーで登録されたのは国内初である。

5.3 犠牲者追悼と震災伝承

震災からの復興は、住民の暮らしやなりわいが重要であるのは当然だが、被災地として犠牲者の鎮魂と伝承（減災・防災教育）もまた大切である。

震災後すぐ開催された震災復興住民会議（2011年7月招集9月提言書提出）では、津波の検証と後世への伝承として慰霊の場と伝承の機会も要望され、南三陸町震災復興計画においても「南三陸町震災復興祈念公園の整備」が盛り込まれた。

2019年12月、海抜20 mの築山を中心とした公園の一部が開園になり、名簿安置の碑と復興祈念のテラスが披露された。築山の頂上には、東日本大震災

（注）2019年12月23日筆者撮影。メッセージ考案は鈴木清美、揮毫は書家の大友青陵氏。

図12-5　震災復興祈念公園名簿安置の碑

犠牲者の名簿を安置する石碑が追悼のメッセージを添えて設置され、犠牲者の御霊に向かって手を合わせ、祈りを捧げる場となる。町内外から寄せられた応募作品の中から選ばれたメッセージ「いま、碧き海に祈る　愛するあなた　安らかなれと」が刻まれた。

一方、公園の入り口に整備された復興祈念のテラスには、被災の痕跡や新しい街と向き合い、復興への想いが記された祈念碑が置かれた。「小学1年生だったあの日、この目で見たものはまだ私の中で鮮明に生き続けている。どうかこの町が大好きだったあの日のように活気と人々の笑顔であふれる町になりますように」。作者は、西條瑠奈さんという地元の高校生である。

2020年秋頃には6.3haの公園すべてが完成し、隣接する南三陸さんさん商店街と橋でつながる予定である。さらに、商店街の北側には「震災伝承館（仮称）」の建設も計画中であり、今後、震災語り部を中心とした伝承の拠点が設けられることになる。

第6節 結び

壊滅的被害を受けた南三陸町では、住宅を高台に移す高台移転・職住分離の方針を打ち出した。真夜中に大津波警報が発令されても避難しなくても良い安全・安心な街が実現したが、住民の新しい地域での暮らしやコミュニティの構築には様々な課題が見え始めてきた。

最大の難点は、通院・買い物への移動である。新しい居住地から出かける場合、急角度の坂道を上り下りしなければならなくなった。高齢化が進んでいるが、自動車運転免許証の返納には必ずしも応じられない。

住民同士の交流にも課題がある。これまで何年も続いてきた隣近所の関係が断たれ、新たなご近所さんとの縁（コミュニティ）づくりは、そうそう簡単につくられるものではない。様々なイベントを開催してはいるが、住民が楽しく暮らし続けられるような取り組み・工夫が求められる。

第7節 アクティブラーニング

本章の内容を受けて、富山で震災を考える若者たちに聞いてみたい課題は以下の3つである。

問1

富山市は、コンパクトシティの街づくりを実践しているが、高台移転した南三陸町ではコンパクトシティ化するのは難しいだろうか？

問2

人口減少は一気に解消できない。南三陸町では交流人口や関係人口を増やすことを考えている。全国的な課題でもあるが有効策はある？

問3

大正大学では42日間（連泊）の地域実習を行っている。例えば、あなたがその一員になったら、南三陸町（被災地）で何をしてみたいか？

注

(1) 本節は2015年11月7日富山大学市民公開シンポジウム「震災から4年半――私たちに出来ることはなにか」において行った講演に基づき、若干の加筆・修正を加えている。

(2) HACCPとは、食品等事業者自らが食中毒菌汚染や異物混入等の危害要因（ハザード）を把握した上で、原材料の入荷から製品の出荷に至る全工程の中で、それらの危害要因を除去または低減させるために特に重要な工程を管理し、製品の安全性を確保しようとする衛生管理の手法。国連の国連食糧農業機関（FAO）と世界保健機関（WHO）の合同機関である食品規格（コーデックス）委員会から発表され、各国にその採用を推奨している国際的に認められたもの。

(3)『南三陸町の進捗状況』(2018年3月町企画課発行）参照。

(4) FSC認証：NGO「森林管理協議会（Forest Stewardship Council)」（本部ドイツ）が世界標準で良質と認める森林に与える国際認証。

(5) ASC認証：NGO「水産養殖管理協議会（Aquaculture Stewardship Council)（本部オランダ）が環境に大きな負担を掛けず、地域社会に配慮した活動を続ける養殖業に与える国際認証。

(6) ラムサール条約：Ramsar convention、1971年イラン・ラムサールにて開催された国際会議で作成された「特に水鳥の生息地として国際的に重要な湿地に関する条約」のこと。日本は1980年に加入、北海道釧路湿原が国内初登録された。

第13章

避難児童が取り組む「ふるさと学習」

―福島県の「ふるさと創造学」を例に―

初澤　敏生

第1節　はじめに

東日本大震災と東京電力福島第一原子力発電所事故の発生から9年が経過したが、福島県では依然として約4万人の人々が避難生活を送っている。避難者が抱える問題にはコミュニティの崩壊、生業の喪失、新しい地域での生活再建など、様々なものがある。これらの問題は「大人」の視点から語られることが多いが、同様の問題は子どもたちも抱えている。その一つに学校に関する問題がある。東日本大震災に伴い広域避難した子どもたちの多くは避難地域の学校に「転校」するという形をとって吸収され、教育を受けている。しかし、「コミュニティの崩壊」に対応できない子どもも少なからず存在する。また、避難自治体にとっても子どもがいなくては自治体を再興することはできない。そのため、各避難自治体は避難地域に独自の学校を開設し、子どもたちを集めて教育を行ってきた。しかし、それらの学校に通う児童・生徒数は少なく、授業の運営にあたっても様々な課題が存在している。

その一つに「ふるさと学習」がある。ふるさと学習は2000年以降、総合的な学習の時間の拡大にともなって実践する学校が急増したが、その多くは郷土資料を用いた郷土愛の育成などを中心的な目的としている。避難地域で再開された学校では、この傾向が特に著しい。しかし、特に小学校では子どもたちの体験的な活動が重視されるため、避難中の子どもたちの学習には様々な課題がある。避難者を対象にした「ふるさと学習」に関しては安部（2015）の報告(1)があるが、これは生涯学習に関するものであり、学校教育における研究はほとんど存在していない。

そこで、本報告では、福島県が行っている「ふるさと創造学」について、避難地域で再開した浪江小学校が実施している「ふるさとなみえ科」を中心としながら、その特徴と課題について検討を加える。

本小論は筆者が2018年6月16日に札幌市立幌北小学校において行った2018年度日本生活科・総合的学習教育学会の大会報告、ならびに2018年12月18日に富山大学において行った講演を基に、データのアップデートや資料・分析の追加などを行って作成したものである。

第2節 福島県の避難者数の動向

東日本大震災と原子力発電所の事故により、広い地域で住民に対して避難指示が出された。**図13-1**は2011年4月22日時点での避難指示の状況を示したものである。福島第一原子力発電所を中心とした20km圏内の警戒区域、飯舘村、葛尾村、浪江町西部などを中心とした計画的避難区域では、地域住民に避難が強制された。また、原発から20～30km圏内は緊急時避難準備区域とされ、避難は強制されなかったものの、学校や病院を開いてはいけない、仮設住宅を建設してはいけないなどの制約が課されたため、多くの住民が避難を強いられることになった。

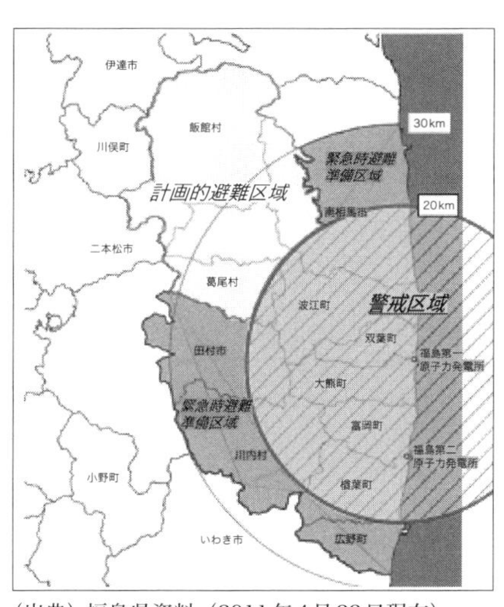

（出典）福島県資料（2011年4月22日現在）。https://www.pref.fukushima.lg.jp/site/portal/cat01-more.html（最終閲覧2020年3月22日）より改変。

図13-1　福島県の避難指示区域

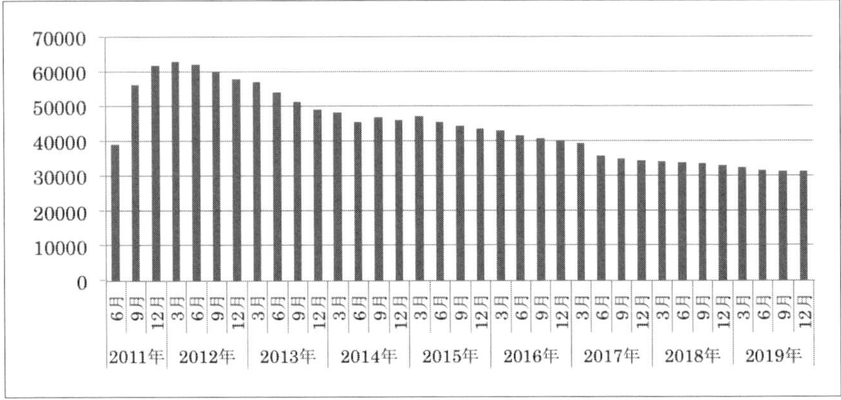

（出所）福島県資料により著者作成（単位：人）。
https://www.pref.fukushima.lg.jp/uploaded/attachment/372483.pdf

図13-2　福島県からの県外避難者数の推移

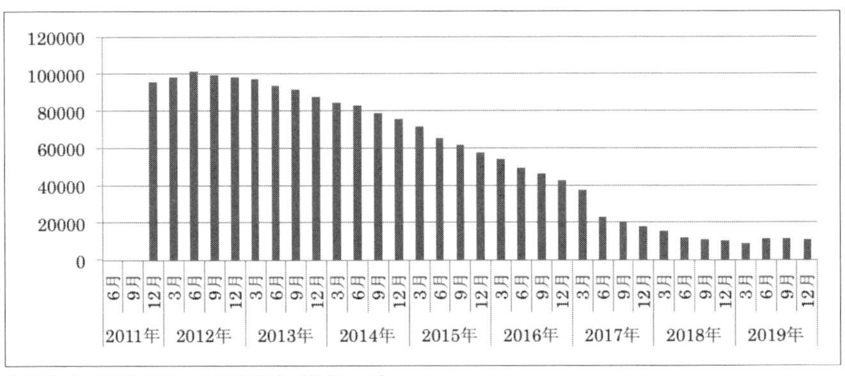

（出所）復興庁資料により著者作成（単位：人）。
https://www.reconstruction.go.jp/topics/main-cat2/sub-cat2-1/20191227_hinansha.pdf

図13-3　福島県内避難者数の推移

福島県における避難者数の推移を見ると、2012年に16万人を越えた避難者はその後減少し、2019年9月には4万2千人程度の水準となった。内訳を見ると、かつて10万人以上いた県内避難者は1万人強の水準にまで減少したものの、県外避難者はピーク時の6万人余から半減した程度にとどまっている（**図13-2、図13-3**）。

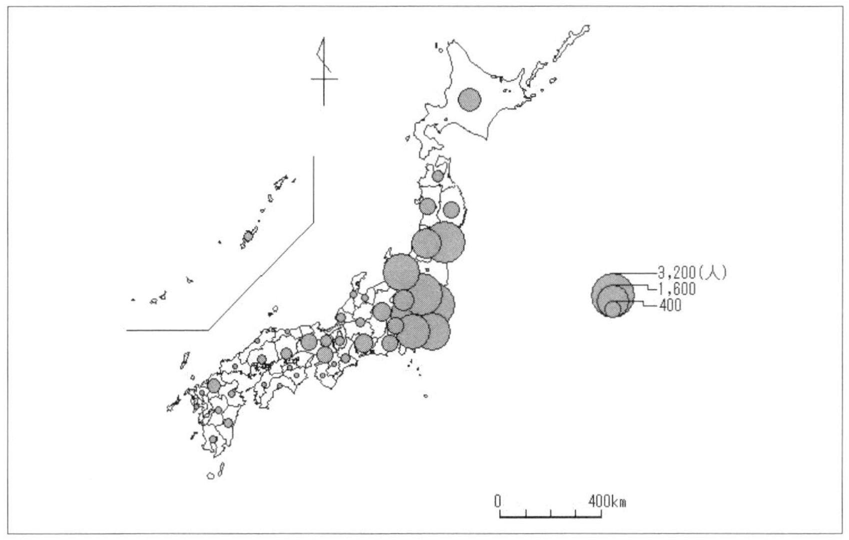

（出所）福島県資料により著者作成（単位：人）。
https://www.pref.fukushima.lg.jp/uploaded/life/477061_1225077_misc.pdf

図13-4　県外避難者の避難先（2020年2月現在）

県外避難者は関東・東北・北海道地方を中心に全国に及んでいる（**図13-4**）が、主に関東地方と、隣接する宮城県、山形県、新潟県への避難者が多い。避難解除された地域における2019年9月現在の帰還率は26.8%にとどまり、避難は今後も長期にわたり続くものと考えられる。

避難者の特徴として指摘できることに、子ども（18歳未満）の比率が大きいことがある。**図13-5**に子どもの避難者数の推移を示した。2018年4月現在、子どもの避難者は1万7千人を超える。これは避難者の約30%にあたる。子どもの避難者数はピーク時の2012年10月が約3万1千人であり、その減少の比率は、避難者数全体の減少の比率に比べて小さいものにとどまっている。大人に比べて、子どもは放射線の影響への配慮から避難を継続する傾向が強くなっているのである。避難地域内の学校は福島県内の各地に学校を移して教育を続けているが（**図13-6**）、子どもの避難地域はより広範な地域にわたるために在校生は少なく、教育上も様々な課題を抱えている。

また、福島県内のどの地域から子どもが避難しているのかを市町村別に見る

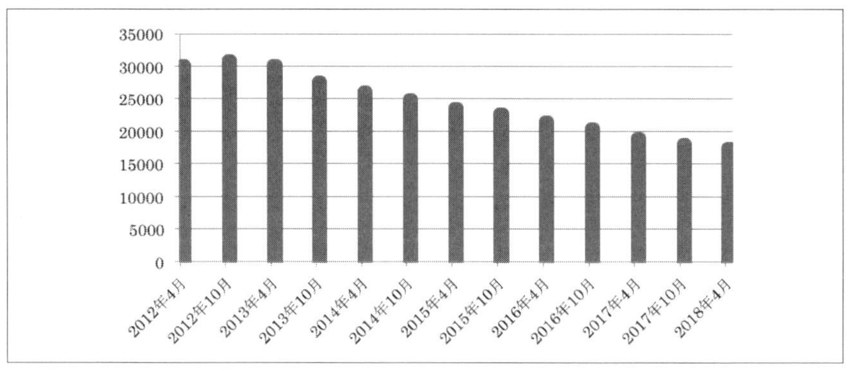

（出所）福島県資料により著者作成（単位：人）。
https://www.pref.fukushima.lg.jp/uploaded/attachment/270489.pdf

図13-5　子どもの避難者数の推移

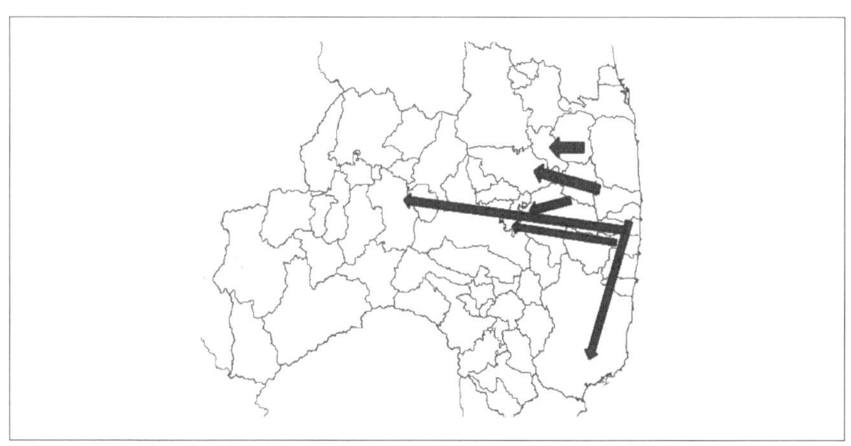

（注）筆者作成。

図13-6　避難自治体における学校の避難先（2017年5月1日現在）

と原発周辺地域からの避難者が多いことは当然であるが、避難地域ではない郡山市や福島市などからも多数の子どもが避難していることがわかる（**図13-7**）。これは避難地域外の広範な地域においても放射能の影響を心配するなどして、多数の子どもが自主避難していることを示している。この場合、子どもたちは地域外の学校に転校する形を取る。本研究においては、自主避難者を対象とし

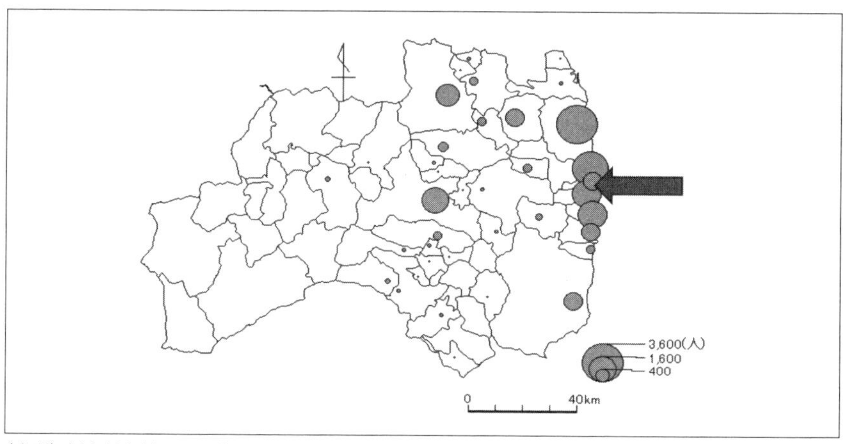

（出所）福島県資料により著者作成。資料は図13-5と同じ。矢印は福島第一原子力発電所の位置を示す。

図13-7　避難している子どもの避難元地域（2018年4月1日現在）

た分析はしていないが、自主避難者が直面している教育的課題も大きく、今後検討することが必要である。

原発事故に伴う広域避難は、学校にも大きな影響を与えた。全域の避難が求められた双葉郡8町村と飯舘村は自治体外に仮設校舎を設け、避難児童・生徒の教育に当たった。しかし、住民の避難が広域化する中で自治体が開く学校に通う子どもは少ない。2010年5月1日現在、双葉郡8町村の小学生数は4,091人であったが、2019年5月1日現在、8町村が開く学校に通う小学生は377人と震災前の1割にも達しない（**図13-8**）。

特に、今回事例として取り上げる浪江町は郡内最大の1,132人の小学生を擁していたが、2019年には、避難先の二本松市に開校している浪江町の小学校に通う小学生と2018年4月に浪江町内に新設された「なみえ創成小学校」に通う小学生は合わせて16人に過ぎない（二本松市2人、浪江町14人）。また、避難している学校においては、震災からの時間の経過とともに、子どもたちは生まれた地域（ふるさと）に関する記憶をほとんど持たなくなってきている。そのような中で、「ふるさと学習」が行われている。

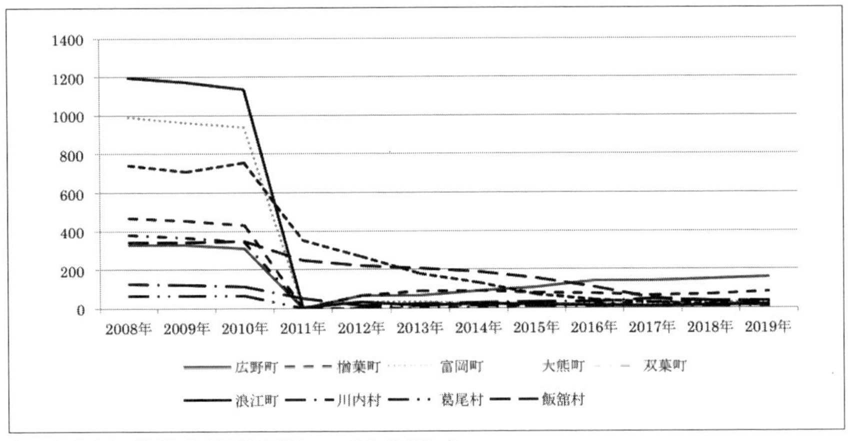

(出所) 各年版「福島県学校基本調査」により著者作成。

図13-8　福島県双葉郡と飯舘村の町村別小学生数の推移

第3節　福島県双葉郡の進める「ふるさと学習」

福島県双葉郡教育復興ビジョン推進協議会は、学校・家庭・地域の連携の必要性を確認したうえで、三者の連携を回復するため、教育復興ビジョンを作成した。これに基づき、各校では「ふるさと創造学」を行っている。

「ふるさと創造学」は福島県双葉郡内の各学校が独自に行う、自分たちの故郷の魅力を知り、今故郷が抱えている課題をどのように解決していくかを考え、復興に向けて発信するための授業である。2012年度から浪江小学校[(2)] で総合的な学習の時間の中で取り組まれた「ふるさとなみえ科」に着目し、2013年7月に策定された「福島県双葉郡教育復興ビジョン」の中で「困難な課題に挑戦し、未来を創る力を育成する教育課程の実践」を進めるためのカリキュラムとして位置づけられた。ここでは課題解決型・探究的な学習が追究され、2014年度以降は双葉郡8町村の学校による「ふるさと創造学サミット」が毎年開催され、実践交流が行われている。

「ふるさとなみえ科」は、浪江小学校が行う「ふるさと創造学」である。「ふるさとなみえ科」は震災からの時間の経過とともに、避難者のふるさとへの帰還意欲が低下していく中で、故郷の記憶の伝承が求められたことから誕生した。

表13-1 「ふるさと浪江科」の主な活動内容

2012年度：なみえカルタづくり、未来の浪江町構想
2013年度：なみえ町新聞づくり、十日市祭新聞づくり
2014年度：なみえの伝統文化に触れよう
2015年度：なみえの伝統食文化、伝統芸能
2016年度：私のまちの食自慢、伝統文化に触れよう
2017年度：昔の十日市と今の復興十日市を比べよう
2018年度：新しいまちづくりの力になろう

(出所) 浪江小学校Webページより著者作成。http://www.namie-es.jp/furusato_namie/

「浪江小学校のありようそのものが浪江町の復興と大きくかかわっていく」[(3)]との問題意識の下、地域の素材や人材を活用し、郷土の良さを伝えることを目的としている。

「ふるさとなみえ科」が始まった当初は子どもたちのふるさとの記憶をもとに、様々な学習が展開された。**表13-1**に各年度の主な活動内容を示す。

2012年度には6年生が「なみえカルタづくり」を行った。この実践では、子どもたちはふるさとを思う気持ちをカルタの形で表現した。一例を示そう。

「あーおいしい　浪江やきそば　名物だ」

「とおかいち　毎年たのしみに　していたよ」

「ねがいごと　たくさんしたよ　浪江神社」

これらから読み取れるのは、子どもたちが自分の経験を基にして、帰れないふるさとを思いながらカルタを作っていることである。これを作った子どもたちにとって「ふるさと」は生まれ育った浪江町であり、ふるさとへの思いを「ふるさと学習」の中で歌い上げている。

「郷土かるた」に関しては、山口幸男と原口美貴子がその一連の研究の中で郷土かるたが子どもたちの郷土認識を育む上で重要な役割を果たしてきたことを指摘している[(4)]。しかし、多くの場合、子どもたちはあらかじめ作成されているかるたを用いて遊ぶという「受動的」な学習をするにとどまる。これに対し、「ふるさとなみえかるた」は子どもたちが自分の記憶の中にある「ふるさと」をかるたの読み札と絵札という形で表現し、一つのかるたを作るという

「能動的」な学習である。その作成にあたっては大人の手も部分的に入らざるを得ないが、子どもたちがかつて過ごした地域を思い出し、かるたづくりを通してそれを再認識することは、避難児童の「ふるさと学習」として重要な役割を果たしたと言える。

しかし、一方でこの学習は「ふるさと」を記憶の中にとどめている児童を対象とするものであり、低年齢のうちに避難して「ふるさと」の記憶をあまり持たない子どもたちに用いることはできない。

時間の経過とともに子どもたちが「ふるさと」以外で過ごす時間が長くなり、学校の学習環境も大きく変化してきた。子どもたちは次第に浪江町での経験が少なくなり、記憶も薄くなっている。特に2017年以降の入学生は震災後の生まれであり、浪江町での生活経験はない。自らの経験と記憶に基づく「ふるさと学習」は、もはや成立しない。

近年「ふるさとなみえ科」では、学校のある「身近な地域」である二本松市と「ふるさと」の浪江町の特徴を比較しながら捉える手法を用いている。たとえば、二本松市の伝統工芸である箪笥と浪江町の伝統工芸である大堀相馬焼を取り上げ両者の特徴を比較しながら考察を加えたり、浪江町で開催されていた昔の十日市と二本松市で開催された復興十日市を比較・考察したりしている。これは「身近な地域」の学習を軸に、「他地域」を学習する手法に類似している。しかし、「ふるさと学習」の対象である、伝統工芸や十日市なども、震災前の姿と現在の姿は大きく変化してきている。震災直後の「ふるさと学習」と現在の「ふるさと学習」とでは、子どもにとって「ふるさと」の意味が異なっていると言わざるを得ない。長期的な避難の中で行われる「ふるさと学習」の意味を問い直す必要がある。

過去の郷土文化の保存・伝承に意義があることは言うまでもないが、文化は社会の変化に伴って変化・変質するものでもある。避難地域においては、これが特にドラスチックな形で現れている。「ふるさとなみえ科」の中では、過去の学習－現在の学習－避難地域の学習を比較しながら進める中で「ふるさと」が相対化され、把握されるという構造をとっていた。この方法は帰還後の学習においても活用できると考える。すなわち、「ふるさと」の過去と現在、さらに「他地域」を組み込むことによって、地域文化の意義をより明確化することができるのである。被災地の復興における「ふるさと学習」の意義と在り方について研究を深めていきたい。

第4節 「シャトルカード」[5]に記された学生の意見――●

ここでは富山大学での講演時に「シャトルカード」に書かれた学生の意見のうちから2つを取り上げ、検討を加えることにしたい。

「ふるさと学習」を既存のものから新しいものに変えなければならないことは、今後のふるさとをどういった形で継承していくかという大きな問題である。

この指摘は「ふるさと学習」の内容の変化をふるさとの継承と結びつけて捉えている。過去のふるさとを学習できなくなることは、その過去が失われ、新しいふるさとを作っていかなければならないことを意味する。ただし、この場合、「ふるさと」は同じ場所を指し、子どもたちがかつてと同じふるさと（場所）を継承し、そこに新しいふるさとを形作っていくことを前提としている。

次の意見はこれとは異なる。

人にとってふるさとの定義は違うし、二本松と浪江の教育によって異なるのは当然かと思った。教育を受ける子にふるさとの定義を押しつけるわけにはいかない。

この意見は、子どもたちのふるさとを出身地とは捉えていない。どの地域をふるさとと捉えるかは子どもたちが選択すべきもので、他者が強制すべきものではないとの指摘である。この視点からすれば、ふるさと学習は大人によるふるさと意識の押しつけとも捉えられる。ここに挙げた例文以外にも同様の意見が見られた。

この2つの意見の相違点は、子どもの「ふるさと」をどこに設定するのかという点に集約できる。一般にふるさと学習では「居住地＝ふるさと」とされている。しかし、避難地域に立地する学校で行われる学習では両者は異なる。さらに、その授業は性格上、出身地域への帰還を前提とするものになる。しかし、多くの場合、それは子ども自身が選択したものではなく、「大人」の、あるいは「行政」の願望に基づいたものになっていることは否定できない。

両者の指摘は「ふるさと学習」が内包する課題の本質を指摘したものである。社会科における身近な地域の学習はあくまで身近な地域を対象として様々な社会認識を育むことを目的としている。そのため、どの場所で学習してもほぼ同様の内容で行われる。これに対し、総合的な学習の時間で行われるふるさと学習は郷土愛の育成を目的とすることが多く、それが対象とする場所は代替できない。そして、ほとんどの学習ではふるさとを学校の立地する地域（市町村等）に設定している。

しかし、避難地域に立地する学校では、ふるさと学習の対象とする地域と実際に学校が立地する地域とが異なり、さらに、長期避難によって子どもの記憶の中にも存在しない場所をふるさととして教育しなければならない状況もあり得る。だが、それは本当に子どもたちにとっての「ふるさと」なのか、子どもたちを避難地域に帰還させるための、大人によって押しつけられた「ふるさと」ではないのか、との疑問はぬぐえない。ただし、このような疑問は、一般的なふるさと学習にも存在している。一般の学校においても、転居等により生まれた場所と通学する学校の場所が異なる子どもは少なからず存在する。しかし、多くの場合、それは考慮されない。

「郷土愛」「郷土意識」を育むふるさと学習の危うさはこの点にある。育むべき価値観を子どもが選ぶのではなく、大人が選び、子どもに押しつけてはいないだろうか。子どもを縛るだけのふるさと学習になっていないだろうか。今後も研究を深めていかなければいけない。

注

(1) 安部耕作「生涯学習による東日本大震災避難自治体のアイデンティティ継承」『震災復興研究』7、2015年、pp.33-43。

(2) 浪江小学校は2011年8月に避難先である二本松市において開校し、2学期から授業を再開した。2014年4月には同じ場所で津島小学校も開校した。津島小学校を同じ場所で開校したのは将来の帰還を視野に入れ、浪江町と二本松市の双方で学校を維持することを目的としていた。

(3) 浪江小学校・津島小学校『ふるさとへの誇りをもち、生き抜く力を育てる「ふるさとなみえ科」の実践――5年間の歩み』2017年。

(4) 原口美貴子・山口幸男「郷土かるたの全国的動向」『群馬大学教育学部紀要　人文・社会科学編』44、1995年、pp.225-254。
同「上毛かるたの札の分析」『群馬大学教育学部紀要　人文・社会科学編』45、1996年、pp.197-214。
同「郷土かるた、上毛かるたの魅力と意義」『群馬大学教育学部紀要　人文・社会科学編』59、2010年、pp.9-20。

(5) 「シャトルカード」は富山大学の橋本勝教授が前任の岡山大学で開発した学生と教員が意思疎通を図るためのツールである。授業終了後、学生が授業を受けて感じたことや重要であると考えたこと、あるいは疑問を感じたことなどを記入し、それに対して教員が次回の授業時にコメントを記入して返却するというものである。講義科目におけるアクティブラーニングのツールとして有効である。

付記　本研究を進めるにあたり、科学研究費補助金（18H03600および17K01222）を使用した。

第14章

もし富山で大震災が起きたら……

橋本　勝

第1節　はじめに

富山県は震災を含めた自然災害が日本で最も少ないことで知られているが、そのことで住民の油断も日本一だと揶揄（やゆ）されている。富山大学の学生は全国から来ており、中には東日本大震災の被災地出身の学生も含まれるが、彼らにしても、震災は子どもの頃の出来事であり、危機感も薄らいでいることが多い。富山ほどではないにしても、震災に対して強い危機感を抱いていない都道府県出身学生と共に過ごし、住民の震災に対する危機意識の弱い地域で日常を過ごし続けるとその危機感はさらに薄まりやすい。

一方で、富山大学五福キャンパスの直下には震度6以上の大地震を引き起こす可能性がある呉羽山活断層があり、その危険度は東日本大震災や熊本地震の前にそれぞれの地域で指摘されていた危険度より高い[(1)]。ということは、いつ大地震が起こっても不思議はないわけである。

第2節　富山県の地震の少なさ

富山県で大きな被害を出した直近の震災は江戸時代末期にまでさかのぼる。

安政の飛越大地震（1858年4月9日）がそれである。越中・飛騨国境（現在の富山・岐阜県境）の跡津川断層を震源として発生したM7.0-7.1と推定される大地震であった。二次災害も含めると死者が170人以上にも及ぶ大震災であったが、当然のことながら、時代が古いため、資料も不完全で全貌は必ずしもはっきりしない。その後、記録が明確な震災をチェックしてみても、県内を震源とする大規模地震は起こっていない。また、新潟、長野、石川など近隣で度々発生した大規模地震でも、県内の死者はほとんどなく、住宅被害や負傷者も極めて少ない状況が続いている。また、安政の大震災以前についても、古文書その他で確認する限り、平安時代中期に1回、安土桃山時代に1回ある程度で、「震災列島」の中では、大きな震災被害を免れ続けている特異な県と言えよう。

震災以外も含めて自然災害全体が少ないことは、人々の間に「お山が守ってくれる」という立山信仰を生み出し、たとえば、県外企業を富山県に誘致する際のアピールとしても自然災害の少なさが強調されたりしている。ただし、地震に関して言えば、立山のマグマだまりが富山以東で起こった地震波を吸収するという地質学的な根拠もあり、まったくの偶然・幸運とも言い切れない。

東日本大震災を契機として、全国的には震災保険への新加入や家屋の耐震工事が増えているが、富山県に限れば、どちらもそれほど大きく増えておらず、漠然とした安心感が支配的なようである。

第3節　富山県内での大震災の発生の可能性

富山県にも大地震を引き起こす可能性がある活断層はいくつかあり、そのうちの一つは上述の通り富山大学の真下にある。すなわち、授業中に突然、大学自体が大震災に見舞われることもあり得るわけである。もし津波が発生すれば、日本海側の津波の特徴として津波の到達時間が早く、たまたま海岸近くにいた場合は、逃げる高台も少なく、避難タワーの類もほとんどないから避難は困難である。南北にいくつも流れる河川を津波が遡上する可能性もある。また、季節や発生時刻によっては、阪神・淡路大震災のような大火災が発生する可能性や大規模な雪崩による被害も考えられる。さらに、この授業で焦点化している原発被害との関連で言えば、万一、石川県の志賀原発が福島原発並みの事故を起こした場合、北西季節風で富山県全体が放射線被害を受ける危険もある。

過去、200年近く大地震が起こっていないということは、もうそろそろ起きてもいい頃だと考えることもできるのであるが、前節の事情から、富山県民の多くは、「まさか富山では起きないだろう」と安易に考えており、富山大学の学生の多くも根拠のない安心感の中で毎日を過ごしているのが実情である。東日本大震災の被害や復興状況について学んでいるこの授業の受講生も、知識としては吸収していても、自分の問題として捉えているかどうかはおぼつかない。いざという時に的確な行動をとれるためにも、授業の総括を兼ねて「もし富山で地震が起きたら……」をテーマに自由討議を行う回を設定しているのである。

第4節 授業の進め方

他の回の多くは、授業や講演でまず一定の情報を得た後、アクティブラーニング部分として、グループ討議をしたり課題をグループで考えたりする形を取っているが、この回はアクティブラーニングによる学修内容全体の総括という側面があり、90分全体をアクティブラーニングとして展開している。

毎年、同じ内容というわけではないが、下記のように進めることが多い。すなわち、まず、授業の開始時から自由に4人程度のグループ席に着席してもらった上で**図14-1**のように進める。なお、その回の授業に陪席する教員も学生に混じって着席しグループ討議にも加わってもらう形を取っている。

こうしたやり方は、私自身が約20年前から開始し、続けている大人数講義型授業での討議型授業（橋本メソッド）に準じたものである。はじめに教員が解説しなかったり、他の学生が作成した資料を使ったりするのは、学生自身が今ある知識を確認し、同じ立場の学生たちの中に自分より興味・関心が高い者がいることを実感し知的刺激を受けてもらうとともに、その気になれば自分で比較的容易に獲得可能な情報が少なくないことを体感してもらうことに狙いがある。「三人寄れば文殊の知恵」の実践と言えるが、実際、多くのグループでは、第1～3節で記した内容のどれだけかは、もともと知っているか、すぐに知ることになる。他にも、ハザードマップや避難所情報、防災グッズなどの知識なども比較的簡単に入手でき、シラバス等でこの日がそうした内容だと知って、

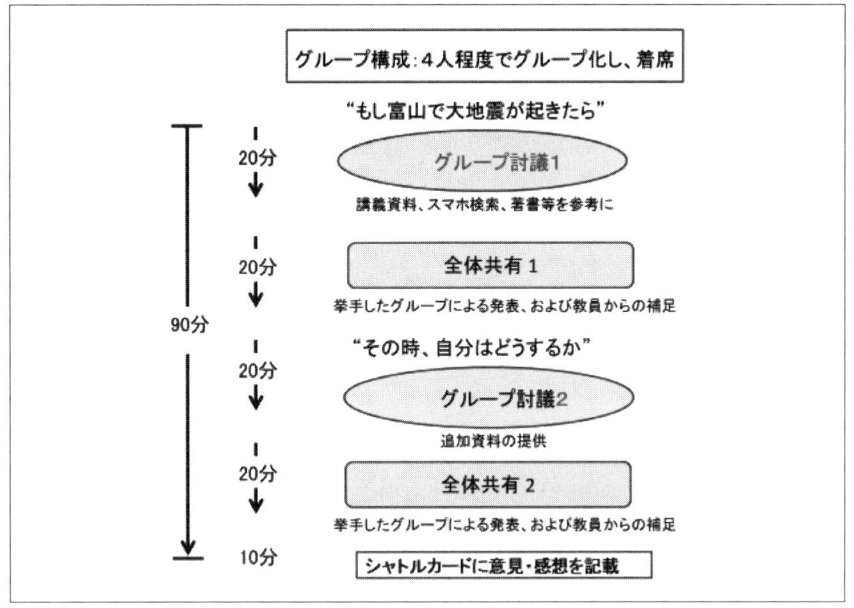

（注）本書の共著者の近藤隆の原案を基に著者が作成。

図14-1　アクティブラーニングの進め方の例

教員が指示しなくても自発的に予習してくる学生も少なからずいる。もちろん、もともと防災・減災意識の高い学生もいる。教員の解説を聞かなければまったく議論ができないだろうなどというのは教員の思い込みにすぎない。一方、挙手した場合のみ発言できるというのは、公平性という点で批判する研究者もいるが、学生の主体性・自発性・積極性を促す目的があり、主体的学びを本質とするアクティブラーニングでは欠かせない要素だと私は考えている。一般的には、「そういう設定ではなかなか手が挙がらなくて……」とこぼす教員も少なくないが、最初の挙手さえ上手く引き出せば、大抵次々と手が挙がりやすい。要は場づくりである。全部のグループに順番に発言してもらうと、発言内容の重なりから冗長感を招きやすく時間も浪費しがちである。

アクティブラーニングでは、学ぶ側の主体性が重要であり、それを阻害するようなやり方は好ましくない。また、アクティブラーニング自体が目的化しては意味がなく、手段に過ぎないという意識で展開することが肝要である。グループ対話も全体での共有のための発言も、それを通じて学生一人ひとりが当該事象に関して自分なりに関心を深め、知識や情報を「身に付ける」ことを目指すものである。そして、いかに身に付いたかは、後日に暗記知識として確認するより、その日のうちに振り返りツールで確かめる方が効果的である。こうした目的のために、専用シートを作成・実践する教員もいるが、富山大学には私が持ち込んだ「シャトルカード」というツールがあり、この授業でもミニレポート的に活用している。

第5節　シャトルカードとは

シャトルカードは元三重大学の織田揮準が「大福帳」という名前で広めたリアクションツールであり、15回分が1枚の紙にまとめられ受講生と教員が言

学生と教員の双方向ツール（使い方は教員の指示にしたがってください。）

富大シャトルカード

UNIVERSITY OF TOYAMA 富山大学

＿＿＿＿＿＿＿＿　＿＿＿＿年度（前期・後期・集中）

授業科目		曜日・時限	・	教員名	
学　部	人文・人発・経済・理・工・都市・医・薬・芸文			学籍番号	
学科等				氏　名	

月／日	あなたからの伝言板	教員から…
1 ／		
2 ／		
3 ／		

図14-2　富大版シャトルカード

わば「交換日記」的に肉筆で毎回やり取りするところに特徴がある。それを多少アレンジして「シャトルカード」と命名したものを岡山大学が1995年頃に開発し、私が2011年に富山大学に持ち込んだ。現在のものを**図14-2**に示す。

著者は「大福帳」の精神をもっとも忠実に継承している一人であり、授業の感想・質問を中心としつつも、授業以外のことでも自由に記してよいというルールにしてある。何を書いても教員からはそれに対応した返信を返すことで学生と教員の間の信頼関係を高める効果があるが、授業内容のどこに関心を持ったかが自然な言葉で表現され、理解度も含めたミニレポート的な性格も持っている。教員団として臨むこの授業では、各回でこのツールを使うかどうかの判断は各教員に委ねているが、返信作業が厄介だという教員が利用した場合には著者が代理での返信も行っている。例えば、2018年度の受講生が「もし富山で大震災が起きたら……」の回で何を書いたかを著者からの返信と併せて少し紹介することにしよう。

A）本格的なグループ対話に関心を持った記述例

本日の講義は話し合いを多くする機会があり、とてもよい時間を過ごせました。もし明日、富山で大きな災害が起きたらまず何をすべきかを想定しているのとしていないのでは全然違うと思うので、日頃から避難経路や場所を確認しておきたいです。

（経済学部4年）

⇒返信

この授業は橋本が教員団に加わることで全体的にアクティブラーニング的要素が少しずつ入っていたと思いますが、今回は特にその色彩が強いものだったはずです。話し合いは学びにとっては非常に大切で有効なものです。

B）教員の解説抜きで話し合いをした形式に興味を持った記述例

自分たちの知り得る知識でグループ討議をしたのは新しくて新鮮だった。知っている知識を確認できてよかったと思う。自分の地域で地震が起きた際にどうしたらよいかを考えられる機会を得られて今後の震災時の参考になったので良かったと思う。 （理学部4年）

⇒返信

何かを学んだ後で行う話し合いより自分の知性が試される形式だということが実感できたと思います。災害は自分の問題として考えること、学ぶことがとても大切です。

C）全体討議（共有）に関心を持った記述例

今回の授業では、今までの授業を含めて多くのことを考えることができて、今まで教えていただいたことが身につきました。自分達の出した意見と他の班の意見はとても観点が違ったのでとても勉強になった。 （理学部2年）

⇒返信

知識は得ることよりそれを身に付けること（必要に応じて使えるようにすること）が大切です。それは学び一般にも通じることだということも分かっておいて下さい。

D）挙手して発言する積極性の重要性に気付いた記述例

僕は今日グループで積極的に意見をすることができました。全体でもちゃんと話せたし、早く全体に話すことで周りの班に制限されたりしないので一番に挙手できて良かったなと思いました。来週もしっかり授業で意見していきたいです。

（工学部1年）

⇒返信

ある程度の人数が集まった中で積極的に挙手して発言することには一定の勇気が必要ですが、その積極性が社会でもまた就活でも評価されやすいものです。この授業はもう終わりですが、今後もそういう機会があればトレーニングのつもりで挙手してみて下さい。

E）授業内容自体に関心をもった記述例

災害についてはこれまで様々な場面を想定し考えてきたが慣れない土地（今回、私にとっては富山）については特に難しさを感じる。ただ、災害は“いつ、どこで”が不確定なものであるため、ある程度普遍性を持った対応策を考えておくことが必要であると感じた。（都市デザイン学部1年）

⇒返信

例えば東日本大震災ではたまたま仕事や観光で三陸地域に来ていて、津波の知識が不十分なまま津波にのまれ、死亡した人が100人以上います。不慣れな土地での被災は考えもしなかった被害に遭うことも想定する必要があります。

F）授業を振り返って新たな気付きを提言する記述例

実際に地震が起きた時、どうすればよいかを考えるというのは、もしかしたら現実的でないのかもしれない。それよりも過去の事例から、実際に人々はどこに逃げたのか、どういう行動をとったのかを知る必要があると思う。

（芸術文化学部1年）

⇒返信

過去の事例という点では富山には十分なデータがありません。1858年の地震記録は古い資料ですし概要が記されているだけで、人々の避難行動という点についてはまったく記されていません。過去の事例を検証する姿勢そのものは大事なのですが、今、富山で大地震が起きれば、人々は未知の事態に対処せざるを得ません。

G）授業内容から自分事として防災意識を考えた記述例

今回は富山で災害が起きたら自分がどうするかを考えさせられた。自分は普段から災害のことを意識したり、何かを準備したりしているわけではないので、できることから準備をしようと思った。また、ライフラインが止まった時のことを考えようと思った。（経済学部1年）

⇒返信

災害のニュースが流れても、たいていの人は自分の身に同じようなことが起きるとは考えないものですが、地震はいつどこで起きるか分かりません。自分の事として考えたいものですね。

H）話し合いを通じて他の受講生から知識を獲得し刺激を得た記述例

グループの話し合いの中で学生消防団活動認証制度というものを知りました。様々なことを知ろうと思えば自分が地域に貢献できる方法が見つけることもできるのだなと思いました。（人文学部1年）

⇒返信

話し合いを通じて授業や講演等では得られない情報・知識が獲得できることを実感できたようですね。対話は学びにとって不可欠の要素です。自分から自発的、積極的に行動することは自分を成長させることに直結します。

第6節 結び

アクティブラーニング自体は多様な方法・内容があるが、近年特に重視されているのは対話的要素である。初等・中等教育における『学習指導要領』でアクティブラーニングが「主体的、対話的で深い学び」と言い換えられていることに象徴されていると言ってよい。

著者は、本来の担当科目「現代社会論」で対話（グループ対話＋多人数対話）を最大限に活用する実践「橋本メソッド」を展開しているが、「震災・復興学」でも、共同担当する他教員に、何らかの形で対話的要素を加えるよう進言している。

シャトルカードの記述を見ていると、受講生が対話を通じて、授業内容に関する興味・関心を高め、主体的な学びを自然にしていることがよくわかる。また、いくつも学部が混じる教養科目では、他学部の学生との対話を通じて相互に刺激を受け、考え方の多様性を実感するとともに自らの知性・感性の幅を広げていることも自覚できているようである。

一方、多くの教員がアクティブラーニング導入に躊躇する中、この授業で「最初の一歩」として自分の担当回で対話形式を試行する機会とし、一定の「手応え」を感じたならば、他の自分の担当授業での導入のヒントにしてもらう「事始め」となればと期待している。多人数で分担担当するこの授業では、理系・文系の質的な違いも考慮し、必要以上の形式統一は好ましくない、という判断から、具体的なやり方は各教員に任せている。グループを初めから指定するタイプもあれば、授業の途中でグループを作るタイプもある。人数も3～4人、5～6人あるいは10人ほどと多様である。全グループに討議内容を発表させるものもある一方で、私のように積極的に手を挙げたグループだけが発表という形もある。また、グループ討議と授業外学修を結びつけることもあれば話し合い自体を重視することもある。評価方法も多様である。このことは受講生には授業各回の多様化に繋がり、「今日はどういう形式だろう？」という期待感も呼び込んでいる。

アクティブラーニングを媒介とすることで、この授業が主体的学びを促進し、発展することを期待したい。

注

(1)　地震調査研究推進本部「富山県の地震活動の特徴」。
https://www.jishin.go.jp/regional_seismicity/rs_chubu/p16_toyama/

参考文献

橋本勝編著『ライト・アクティブラーニングのすすめ』ナカニシヤ出版、2017年。とくに第1章〜第3章。

あとがき

本書の各章の執筆者が論稿をまとめたのは、2019年の後半から2020年の初めにかけてである。それを受けて共同編集者による編集作業は2020年の1～3月に行った。折しも新型コロナウイルス問題が徐々に深刻化し、各大学が卒業式や入学式を中止し、前期の授業をいつからどんな形で開講できるのかでどこも揺れ動いていた。

緊急事態宣言の発出もあって、多くの大学では学生の学習権の確保のために、これまでは一部に限られていた「遠隔教育」の全面実施に踏み切ることになった。富山大学でも4～5月は学生のキャンパス内への立ち入りすら禁止となる中、授業は原則としてオンライン授業・オンデマンド授業とするよう全学的な指示が出され、大半の教員はそれに従って暗中模索の中で新たな授業方法を試行錯誤してきた。

本書は富山大学で毎年後期に開講される「富山から考える震災・復興学」という教養の授業に関連して作成されたものであることは「序」に述べた通りであるが、新型コロナウイルスの収束に向けては長期化が考えられることから、少なくとも2020年度においては2019年度までと同様な実践は困難であると思われる。もちろん、各章の科学的解説の部分については遠隔授業でも展開可能であるし、各章で紹介されているアクティブラーニングの試行実践も、例えば、ZOOMのブレイクアウト機能等の活用によりある程度それに近いものを実現できるので、本書の内容が遠隔化によって色あせることは決してない。ただし、以上の時間的経緯から、実際の授業が本書の叙述内容とは少しずれざるを得ないことを読者諸氏には御了解願いたい。

全面的な遠隔授業で大学教育を受けることになった学生たちの中には、通学時間が不要となり、また1：1感覚で主体的にしっかり学べる、といった理由でこれを歓迎する向きもあるが、とくに新入生には「友人ができない」「大学に入学した実感がわかない」など様々な戸惑いがあるのも事実である。一方、これまで授業改善に必ずしも積極的でなかった教員層を中心に、研究時間が確保しにくい、学生の反応度に格差があり授業としての手応えが弱い、など遠隔授業に抵抗感があることも否定できない。

今後、コロナ問題がどのような進展を見せるかは不透明である。コロナが収束した後も各大学では遠隔授業と対面授業が併用される構想があるようである。また、これがきっかけで対面授業の意義が改めて見直されたり、対面授業での対話の有効性が再認識されたりする可能性もある。その意味では、2020年は大学教育が全体として大きく変わる画期となるのかもしれない。そうした変革期に本書が世に出ることは、昔からの大学教育の姿を残しつつも、新たな教育を切り開くチャレンジの一面を体現しているとも言える。本書が新たな生活様式の一部たる新たな大学教育の礎になれば幸いである。

2020年9月

共同編集者

庄司　美樹・新里　泰孝・橋本　勝

執筆者紹介（論文掲載順）＊は編者

庄司　美樹（しょうじ　みき）＊

1953年　富山県生まれ
現　在　富山大学非常勤講師
主な著作　「シリーズ：放射線施設・設備に関する知識の伝承　第５回　放射線施設の改修工事」『Isotope News』No.765、2019年

西村　克彦（にしむら　かつひこ）

1957年　青森県生まれ
現　在　富山大学学術研究部都市デザイン学系教授
主な著作　「超低温核整列の核磁気共鳴法による中重核の磁気モーメントの研究」（博士学位論文）1988年

小川　良平（おがわ　りょうへい）

1961年　福岡県生まれ
現　在　富山大学大学院学術研究部医学系准教授
主な著作　“Handbook of Ultrasonics and Sonochemistry”（共著）Springer、2016年

齋藤　淳一（さいとう　じゅんいち）

1972年　群馬県伊勢崎市生まれ
現　在　富山大学 学術研究部医学系 放射線診断・治療学講座 放射線腫瘍学部門教授
主な著作　『放射線医科学の事典――放射線および紫外線・電磁波・超音波』（共著）朝倉書店、2019年

近藤　隆（こんどう　たかし）

1952年　愛知県額田郡幸田町生まれ
現　在　富山大学特別研究教授
主な著作　『放射線医科学の事典――放射線および紫外線・電磁波・超音波』（共著）朝倉書店、2019年

櫻井　宏明（さくらい　ひろあき）

1966年　兵庫県神戸市生まれ
現　在　富山大学学術研究部薬学・和漢系教授
主な著作　「細胞内から受容体型チロシンキナーゼを活性化する仕組み」（共著）『生化学』92巻3号、2020年

波多野　雄治（はたの　ゆうじ）

1966年　東京都生まれ
現　在　富山大学学術研究部理学系教授
主な著作　“Tritium: Fuel of Fusion Reactors”（共著）Springer、2017年

新里　泰孝（にいさと　やすたか）＊

1954年　岩手県生まれ
現　在　元富山大学教授
主な著作　「経済学特殊講義「東日本大震災に学ぶ」の授業実践報告」（共著）『経済教育』第35号、2016年

龍　世祥（ろん　しいしゃん）

1959年　中国生まれ
現　在　富山大学経済学部教授
主な著作　『循環社会論――環境産業と自然欲望をキーワードに』(単著)晃洋書房、2002年

大島　堅一（おおしま　けんいち）

1967年　福井県生まれ
現　在　龍谷大学政策学部教授
主な著作　『原発のコスト――エネルギー転換への視点』（単著）岩波書店、2011年

大坂　洋（おおさか　ひろし）

1964年　宮城県生まれ
現　在　富山大学経済学部准教授
主な著作　『経済学と経済教育の未来――日本学術会議〈参照基準〉を超えて』（共著）桜井書店、2015年

杭田　俊之（くいた　としゆき）

1965年　兵庫県尼崎市生まれ
現　在　岩手大学人文社会科学部教授
主な著作　「水産加工業を巡る被災地の労働市場問題――釜石・大槌地域における実態調査からの考察」（単著）『北日本漁業』45号、2017年

鈴木　清美（すずき　きよみ）

1956年　宮城県本吉郡志津川町（現南三陸町）生まれ
現　在　南三陸町震災語り部活動、南三陸研修センター監事、南三陸町障害者自立支援協議会会長ほか
主な著作　写真集『海街の縁撮り――東日本大震災 南三陸町各所定点撮影記録集』（編）2015年

初澤　敏生（はつざわ　としお）

1962年　埼玉県蕨市生まれ
現　在　福島大学人間発達文化学類教授
主な著作　『東日本大震災と〈自立・支援〉の生活記録』（共著）六花出版、2020年

橋本　勝（はしもと　まさる）＊

1955年　石川県生まれ
現　在　富山大学教育・学生支援機構教授（教育推進センター副センター長）
主な著作　『ライト・アクティブラーニングのすすめ』(編著）ナカニシヤ出版、2017年

アクティブラーニングで学ぶ震災・復興学
―放射線・原発・震災そして復興への道―

編著者――――庄司美樹・新里泰孝・橋本　勝
定価――――本体1,500円＋税
発行日――――2020年9月1日　初版第一刷
発行者――――山本有紀乃
発行所――――六花出版
〒101-0051　東京都千代田区神田神保町1-28　電話03-3293-8787　振替00120-9-322526
出版プロデュース――八木信介
校閲――――黒板博子・大塚直子
組版――――寺田祐司
装丁――――山田英春
印刷・製本所――――モリモト印刷

ISBN978-4-86617-100-5

既刊図書のご案内

東日本大震災と
被災・避難の生活記録

編著　吉原直樹・仁平義明・松本行真

体裁　A5判・上製・776ページ
定価　8,000円+税
2015年3月刊行

私たちは被災地が見えているのか…。被災した多くの人々の困難を乗り切る生活者としての様相を、被災者や被災地に寄り添いながら、被災直後から現在に至るまで、さまざまな分野の研究者31名による28本の論文をまとめた〈モノグラフ=生活記録〉!

東日本大震災と
〈復興〉の生活記録

編著　吉原直樹・似田貝香門・松本行真

体裁　A5判・上製・780ページ
定価　8,000円+税
2017年3月刊行

被災者が望む「心の復興」は進んでいるのか…。甚大な被害から導きだされた教訓をもとに、来たるべき巨大複合災害に対する防災・減災・縮災の課題と展望を論じた29本の論考からその実像にせまる〈モノグラフ〉第2弾!

東日本大震災と
〈自立・支援〉の生活記録

編著　吉原直樹・山川充夫
清水　亮・松本行真

体裁　A5判・上製・852ページ
定価　8,000円+税
2020年7月刊行

東日本大震災から9年…。この間の国や県、当該自治体が考える復興と、被災者・避難者の考える復興とのあいだには大きな〈落差〉がある。被災者にたいする支援と自立のありようをトータルに捉え、「人間の復興」という願いを込めて、その状況を明らかにする論考28本を収録した〈モノグラフ=生活記録〉第3弾!